SAMMELNÜSSCHEN UND PANZERBEEREN

Rosemarie Gebauer

SAMMELNÜSSCHEN

und

PANZERBEEREN

Von Apfelbaum
bis Zitrusfrucht

: **TRANSIT**

Inhalt

Von Kernobst und Sammelbalgfrüchten

Obst aus den Tropen und Subtropen

VORWORT

Dass die Erdbeere ein Sammelnüsschen ist, hat sich bei zahlreichen Pflanzenfreunden herumgesprochen. Doch wieso wird diese leckere Erdbeere so genannt? Seit Jahrhunderten ist sie Lieblingsschmaus, und wenn sie im Garten »erglüht«, werden Zutaten für den ersten Erdbeerkuchen bereit gestellt – oder Marmelade zubereitet. Die ist unentbehrlich bei der Tea time mit Scones und clotted cream. Dazu singen die Beatles über die »strawberry fields«, und wir zücken das Tüchlein mit den draufgestickten Erdbeeren, wie es Desdemona vor Jahrhunderten tat.

Unser täglich Obst! Es ist nicht nur lecker und gesund, die Früchte sind wahre Kunstwerke. Was tat die Natur nicht alles, um das Weiterleben der Obstgehölze zu sichern! Da gibt es Maulbeeren, die es den Erdbeeren nachmachen. Da tun sich die Früchtchen der Himbeere zusammen und bilden Sammelsteinfrüchtchen. Andere umgeben sich lieber mit einer harten Fruchtschale und lassen sich »Nuss« nennen. Andere Früchte werfen wir weg, da nur das um sie Herumgewachsene gegessen wird, wie beim Apfel. Es ist eine wahre Freude, die vielen Fruchtkreationen von Steinfrüchten und Kernobst, von Nüssen und Beeren genauer zu betrachten, bevor wir sie genießen. Und deren Formen! Lange bevor die Physiker errechneten, dass eine Kugel das größte Volumen bei kleinster Oberfläche aufweist, hatten schon die meisten Früchte diese Kugelform mehr oder weniger für sich entdeckt. Außer sie sind krumm, dann haben wir eine Banane vor uns.

Die Verpackungen! Den Samen wurde in den Früchten die möglichst beste Verpackung gegeben. Äpfel und Birnen, Pflaumen und Weinbeeren haben eine Wachsschicht umgelegt und sind so gegen zu schnelles Austrocknen gewappnet. Zitrusfrüchte haben aus gleichen Gründen ihre Außenschicht panzerähnlich gestaltet; einige wie der Pfirsich sind von zartem Flaum umgeben. Andere haben sich getarnt und ihre Frucht mit Sprossgewebe wie bei der Quitte oder mit fleischigem Blütenkelch wie beim Sanddorn umgeben. Zahlreiche Früchtchen schlossen sich zusammen und bilden Sammelfrüchte, wie die Brombeeren. Maulbeeren dagegen und Feigen bilden Fruchtstände, da jedes kleine Früchtchen aus einer eigenen Blüte entsteht.

Wir können uns fragen, was das ganze Bemühen soll mit Blättertreiben, Blüten bilden, mit Düften Insekten anlocken, bestäuben, befruchten, Farbe und Duft beim Fruchtaufbau produzieren? Dies alles ist nötig, um dem Samen, der ja nichts anderes ist als ein Pflanzenembryo, die Chance zur Reife und zur Verbreitung zu geben. Dies ist gewährleistet durch eine Frucht, die optimal angepasst ist an Umgebung und Klima. Aus dem Embryo wird ein Keimling, ein Baum oder Strauch. Der Same ist in seiner Samenschale entweder mit fettreichem Nährgewebe versehen oder mit fettreichen Keimblättern, von denen uns einige gut schmecken.

Botaniker haben versucht, diese Vielfalt zu ordnen. Es ist ein künstliches System von Fruchttypen entstanden. In dieses System werden auch Früchte eingeordnet, welche nicht zum Obst, sondern zum Gemüse gehören, wie Erbsen oder Tomaten. In diesem Buch bildet die Beschaffenheit der Fruchtschale die Grundlage für die Einordnung der Früchte.

Manches Obst wächst nur in den Tropen und legt einen langen Weg zurück, bevor wir es erstehen können. Manche Früchte aus Asien, Australien und Amerika haben wir noch nicht gekostet; sie sind zu teuer, schmecken uns nicht oder sind hier noch nicht angekommen. Andere sind im Supermarkt genauso selbstverständlich vorhanden wie die Erdnüsse.

Zum Glück sind seit geraumer Zeit wieder alte einheimische Obstsorten im Gespräch, werden wieder angepflanzt und sind sogar schon zu kaufen. Dies bedeutet Vielfalt auf unserem Obstteller, auch wenn manche Sorten nicht so makellos aussehen wie die aus fernen Ländern. Unsere alten einheimischen Obstsorten bereichern unsere Feldflur, lassen die schönen Streuobstwiesen wieder verstärkt entstehen und beflügeln unsere Neugier auf neue Gaumengenüsse. Ohne Bienen geht gar nichts bei blühenden Obstgehölzen.

Dichter haben Wein und Apfel, Feige und Quitte schon in der Antike beschrieben und besungen und tun es noch heute. Künstler haben diese Kunstwerke immer wieder gemalt. Im späten Mittelalter wurde ihnen ein Platz in der Pflanzensymbolik eingeräumt. Köche präsentieren seit Jahrhunderten die einfallsreichsten Rezepte und Gaumengenüsse. Und wir? Wir blicken auf unsere Ahnen, die immer wieder neue schmackhafte Sorten hervorzauberten. Unvorstellbar ist die Zeitspanne von den ersten Bäumen mit Samen vor über dreihundert Millionen Jahren, den wohl ersten kultivierten Obstgehölzen vor dreitausendfünfhundert Jahren und der heute unvorstellbar großen Sortenvielfalt der Früchte.

Obstgärtner ernannten Mitte des 18. Jahrhunderts Pomona zu ihrem Vorbild; sie war eine Baumnymphe, wie sie vor zweitausend Jahren von Ovid beschrieben wurde. Sie liebte die gesegneten Apfelbäume und hemmte mit einem krummen Gärtnermesser übermäßigen Austrieb, so wie es heute noch die nach ihr genannten Pomologen tun.

Ein Bild ihres Liebhabers, »Vertumnus«, auch Gott der Verwandlung genannt, wird unser Büchlein begleiten. Sind es auch keine Mandelaugen, kein birnenförmiger Kopf, kein Erdbeermund, welche Giuseppe Arcimboldo im Jahre 1591 malte; aber Apfelbäckchen hat er und Kirschenlippen, zumindest was die Unterlippe betrifft, und vieles andere. Leider malte Arcimboldo kein Bild mit Pomona; daher vertritt ihr Liebhaber nun die Liebe zum Obst.

Die Lehre vom Obstbau und von den Obstsorten ist alt. Bereits vor unserer Zeitrechnung gab es Bücher dazu, wie zum Beispiel »De agri cultura« von Cato dem Älteren (234-149 v. Chr.). Später schrieb Plinius d. Ä. (23-79 n. Chr.) über Kirschsorten, Apfel- und Birnensorten. Auch andere Schriften wie die von Homer oder die Bibel können als Botanikbücher bezeichnet werden. Aus ihnen können wir viel über die Kulturgeschichte unserer Nutzpflanzen erfahren.

Dieses Büchlein möchte allen Pflanzenfreunden und Gourmets sowie beruflich mit Obst Beschäftigten ein Lesevergnügen bereiten sowie ein Nachschlagewerk sein. Neugierige werden bei manchen Beschreibungen sagen: Zum Erstaunen bin ich da, wie es Goethe und Hesse angesichts ihrer Naturstudien taten. Ist die Botanik auch manchmal kompliziert, so ist sie doch die »Scientia amabilis«, die umso lieblicher wird, je mehr wir uns der Muße hingeben, die Schönheit der Früchte in Harmonie mit Literatur, Kunst und Kulturgeschichte wahrzunehmen.

An dieser Stelle danke ich ganz herzlich Frau Dr. Isolde Hagemann, welche mir in Kursen an der Freien Universität die Welt der Fruchtmorphologie und die außerordentliche Vielfalt der Früchte und Samen eröffnete.

Beeriges auf dem Gemälde »Vertumnus« von Arcimboldo.
Johannisbeeren und Weinbeeren im Haar und an den Schläfen,
Stachelbeere am Augenrand, Kürbis als Stirn

Von Beeren und Panzerbeeren

Eine zarte Fruchtschale macht eine »Beere« aus. Da gibt es kein Knacken einer harten Schale wie bei der Nuss oder ein Beiseiteschaffen eines harten »Steins« wie bei den Steinfrüchten. Genießen wir eine Beere, wird die gesamte Frucht verzehrt, wie bei Weinbeere und Johannisbeere.

Wären da nicht die Panzerbeeren! Die Fruchtschale der »gepanzerten« Beeren kann nicht mitgegessen werden. Panzerbeeren reifen auf der Erde oder am Baum, sind groß wie ein Tennisball, zum Beispiel die Apfelsine, oder größer als ein Fußball, wie die Melone oder der Kürbis. Es ist schon erstaunlich, dass aus solch kleinem Fruchtknoten so eine riesige Frucht wird.

Blüte vom Gartenkürbis, *Cucurbita pepo*

Die meisten Panzerbeeren stammen aus den Tropen und Subtropen. In unseren Gärten reifen nur wenige und meist unvollständig heran. Aber wir können sie erwerben und unseren Obstsalat damit bereichern. Alle Panzerbeeren werden botanisch in die Beerenschublade gelegt, auch wenn sie groß sind und über eine dicke, aber relativ weiche Fruchtschale verfügen.

Bei den Mitgliedern der Kürbisgewächse, *Cucurbitaceae*, scheiden sich die Geister. Haben wir nun Obst oder Gemüse vor uns? Beide Begriffe stammen nicht aus dem Vokabular der Botanik, sondern aus der Alltagssprache. Obst ist nicht das gleiche wie Frucht. Zahlreiche Früchte sind in der Gemüseschublade zu Hause, wie die Gurke im Salat oder die Aubergine im griechischen Moussaka. Diese Früchte unterscheiden sich vom Obst dadurch, dass letzteres immer süß ist – oder fast, wenn wir an die Zitrone denken. Passend, aber wenig gebräuchlich ist der Begriff »Fruchtobst« in Abgrenzung zum »Fruchtgemüse«.

Beeren sind die »Mimosen« unter unserem Obst. Die zartesten Fruchtschalen weisen Johannisbeeren, Heidelbeeren und Preiselbeeren auf; derbere finden wir bei den Stachelbeeren. Lagern können wir diese Beeren meist nur wenige Tage. Machen wir Saft aus ihnen oder Marmelade oder kaufen sie im Geschäft, können wir auch im Winter leckere französische Stachelbeerküsse, sprich Baisers, genießen.

11

Zitrusfrüchte suchen wir auf dem Gemälde »Vertumnus« vergeblich. Waren sie in Italien noch nicht angekommen? Auf dem Winterbild von Arcimboldo sind sie jedoch zu sehen.

Am längsten lagern lassen sich Citrusfrüchte. So sind wir den gesamten Winter hindurch mit vitaminreichen und leckeren Apfelsinen, Pampelmusen, Grapefruit, Clementinen und wie sie alle heißen, versorgt.

Viele »Beeren« finden Sie nicht in diesem Kapitel. Himbeeren, Brombeeren, Erdbeeren und Maulbeeren sind keine Beeren. Das ist die Meinung der Botaniker; die haben die Früchte genau untersucht und sind zu anderen Ergebnissen gekommen. Himbeeren und Brombeeren sind bei den Steinfrüchten zu finden; Erdbeeren und Maulbeeren bei den Nüsschen. Für Laien etwas verwirrend...

DER WEINSTOCK

Vitis vinifera

IM RHEINLAND GAB ES FÜR KINDER das Fangspiel »Der Fuchs im Weinberg«. Der Weinberg wurde von im Kreise stehenden Kindern dargestellt; sie hielten sich an den Händen. In der Kreismitte stand der »Fuchs«. Außerhalb des Kreises hielt sich der »Gärtner« auf. Gärtner und Fuchs unterhalten sich.

Der Gärtner fragt: »Watt duhst du en mengen Weinberg?«
Der Fuchs antwortet: »Drauwe esse.«
Der Gärtner: »Wer hatt der datt erlobt?«
Der Fuchs: »Niemand.«
»Wenn aber der Schütz kümmt?« fragt der Gärtner.
»Dann laufen ich« antwortete der Fuchs und lief davon.
Der Jäger versuchte, ihn zu fangen. Hoben zwei Kinder ihre Hände hoch, dass der Gärtner nach draußen gelangen konnte, jagte dieser den Fuchs, bis er ihn hatte.

Von Füchsen im Weinberg handeln einige Geschichten. Die Fabel »Der Fuchs und die Trauben« des griechischen Dichters Äsop (6. Jh. v. Chr.) wurde vom Dichter und Philosophen Karl Wilhelm Ramler Ende des 18. Jahrhunderts in ein Gedicht umgeschrieben. Es handelt davon, wie sich der Fuchs verhält, wenn er etwas sehr begehrt, aber nicht bekommen kann:

Ein Fuchs, der auf die Beute ging,
fand einen Weinstock, der voll schwerer Trauben
an einer hohen Mauer hing.

Sie schienen ihm ein köstlich Ding,
allein beschwerlich abzuklauben.
Er schlich umher, den nächsten Zugang auszuspähn.
Umsonst! Kein Sprung war abzusehn.
Sich selbst nicht vor dem Trupp der Vögel zu beschämen,
der auf den Bäumen saß, kehrt er sich um und spricht
und zieht dabei verächtlich das Gesicht:
»Was soll ich mir viel Mühe nehmen?
Sie sind ja herb und taugen nicht.«

Aus: Ramler, Fabellese (1783/1790)

Lehrreich ist auch die Geschichte vom Fuchs, der vor einem verheißungsvollen Weingarten steht. Er möchte die leckeren Früchte fressen; leider passt er nicht durch das Heckenloch; es ist zu klein bzw. er zu dick. Also hungert er solange, bis er abgemagert in den Weingarten gelangen kann. Er frisst und frisst und wird immer dicker. Nun will er den Garten verlassen. Aber er passt nicht mehr durch das Loch. Also sitzt er weiterhin im Weingarten, frisst aber nun so lange nichts mehr, bis er durch das Loch wieder nach draußen gelangen kann.

Woher stammen die Geschichten mit dem Fuchs und dem Wein? Schlauheit wird dem Reineke Fuchs nachgesagt. Aber frisst er gerne Weinbeeren? Und besonders schlau verhielt er sich nicht. Er hätte wissen können, dass er nicht mehr durch die Hecke passt, wenn er so viel frisst. Haben Geschichten über den Wein fressenden Fuchs ihren Ursprung in der Bibel? Im Hohen Lied, Kapitel 2 heißt es: »Fangt uns die Füchse, die kleinen Füchse, die die Weinberge verderben; denn unsere Weinberge haben Blüten bekommen«. An anderer Stelle heißt es, dass diese duftenden Blüten den Frühling ankünden: »... der Winter ist vergangen ... die Reben duften mit ihren Blüten«.

Was wollten die Füchse im Frühling im blühenden Weinberg? Füchse, welche relativ gerne pflanzliche Nahrung zu sich nehmen, soll es in Palästina geben, wie *Vulpes vulpes flavescens*, der Gelbbraune Fuchs, und *Vulpes vulpes palestina*, der Palästinische Fuchs. Unser Europäischer Fuchs, *Vulpes vulpes vulpes* mag wohl nicht so gerne pflanzliche Kost.

»De Fuß (Fuchs), dä mag die Druve nit, se sin em vil ze suer«, hieß es im Rheinland. Sauer war auch der »Dreimännerwein«. Der wurde so genannt, »weil ein Mann ihn trinkt, ein anderer den Trinkenden festhält und ein dritter ihm einschüttet«.

Der Wein, welchen sich das bucklichte Männlein aus dem Keller holte, war wohl nicht sauer, wie es in »Des Knaben Wunderhorn« zu lesen ist:

> Das bucklichte Männlein ...
> Will ich auf mein Keller gehn,
> Will mein Weinlein zapfen,
> Steht ein bucklig Männlein da,
> Tut mir'n Krug wegschnappen....

Achim von Arnim und Clemens Brentano: 824f.

Klug war der Gärtner, welcher durch List seine Söhne zum Umgraben des Weingartens brachte. So schrieb es Leo Tolstoi in der Fabel »Der Gärtner und seine Söhne«: »Ein Gärtner wollte seine Söhne zum Gartenbau erziehen. Als er im Sterben lag, rief er sie zu sich und sagte: ›Hört, Kinder, wenn ich gestorben bin, dann sucht im Weingarten nach, da ist etwas versteckt.‹ Die Söhne glaubten, dass dort ein Schatz liege, und als der Vater gestorben war, gruben sie den ganzen Garten um und um. Einen Schatz fanden sie nicht, doch die Erde im Weingarten hatten sie so gründlich umgegraben, dass die Ernte bedeutend besser ausfiel als früher. Und sie wurden reich.« (Gärten: 130)

15

Der Weinstock wird als Liane den Sträuchern zugerechnet. Die Früchte des Weinstocks sind Beeren. Die sind es, die gegessen werden und nicht Weintrauben. Traube ist die botanische Bezeichnung eines Blüten- bzw. Fruchtstands: wenn die Früchte gestielt an einer nicht weiter verzweigten Sprossachse hängen. So auch beim Fruchtstand von *Vitis vinifera*. Im Reformhaus können wir Weinbeeren kaufen: das sind große, kernlose, getrocknete Früchte einer bestimmten Sorte aus Kalifornien. Kernlos gezüchtet sind ebenfalls Rosinen und Korinthen.

Auf Wein mochten die Römer nicht verzichten, als sie sich auf den Weg nach Norden machten. Sie brachten den botanischen Gattungsnamen *Vitis* mit. In Italien liegen die Weinberge in der Sonne, lange Zeit im Jahr. In Deutschland war dies schon damals nicht der Fall; der Wein in Deutschland war sauer. Doch angepflanzt wird er noch heute bis in den hohen Norden, zum Beispiel der Kreuz-Neroberger auf dem Berliner Kreuzberg. Was saurer Wein bewirkt, wusste Adolf Glaßbrenner (1810-1876): »Wenn man een eenzjes Achtel über die Fahne kippt, zieht sich det janze Regiment zusammen.«

Ab dem 12. Jahrhundert fand man sich mit saurem Wein nicht mehr ab und würzte ihn mit allem Möglichen. Clarêt, der Würzwein, war geboren, zunächst in französischen Klöstern, wo durch Pfeffer, Zimt, Gewürznelken, Kardamon, Ingwer und Honig das Weintrinken zum Weingenuss wurde. Wein wurde zum Ehrentrunk bei festlichen Anlässen. »Hippokras« und »Sinopel«, so wurde der Würzwein aus Rotwein genannt. Unter diesem Namen ist er zweimal im Epos Parzival genannt: »Moraß, Wein, Sinopel rot, Wonach den Napf ein Jeder bot, Was er Trinkens mochte nennen, Das konnt er drin erkennen…« Der »Hypocras parfumé« war durch geriebene Mandel, Moschusdüfte und Ambra bereichert. Nun schmeckte der Wein »recht anmutig und schleckerhaft«, wie ein märkischer Chronist schrieb. Die Würzweine sind noch heute beliebt wie der winterliche Glühwein und die sommerliche Bowle mit süßem Wein und duftenden Früchten.

Trunkenheit ist so lange bekannt, wie es Weinpflanzen gibt. Von Betrunkenen ist schon in der Bibel die Rede. Der erste soll Noah gewesen sein. »Noah aber, der Landmann, war der erste, der Weinreben pflanzte.« Das geschah nicht weit vom Ararat, wo er mit seiner Arche gelandet war. Doch wovon wurde Noah betrunken? Menschengemachte alkoholische Gärung war nicht bekannt. Hatte Noah vergorene Weinbeeren zu sich genommen? Ein weiterer prominenter Betrunkener aus der Bibel ist Lot. In seiner Trunkenheit zeugte er mit seinen beiden Töchtern die Söhne Moab und Ammon. Und es gab bald die wunderbare Verwandlung von Wasser in Wein. Wein überhaupt wurde in der Bibel sehr viel getrunken und war ein Zeichen des Reichtums.

Untrennbar sind die Rheinländer mit dem Wein verbunden. »Vater«, so nannten sie den Rhein; darauf reimte sich ganz wunderbar »Wein«. Was lag näher, als sich zu wünschen, ein Fischlein zu sein:

Wenn das Wasser im Rhein gold'ner Wein wär,
ja dann möcht' ich so gern ein Fischlein sein.
Ei, wie könnte ich dann saufen,
brauchte keinen Wein zu kaufen,
denn das Fass vom Vater Rhein wird niemals leer.

Wein wächst auf sonnigen Terrassen unter fachkundiger Aufsicht eines Weingärtners. Die Weinlese im Herbst ist etwas Besonderes: Dass ist die Zeit, in der um das gebeten wird, was Rainer Maria Rilke in seinem Herbstgedicht schrieb:

… Befiehl den letzten Früchten voll zu sein;
gib ihnen noch zwei südlichere Tage,
dränge sie zur Vollendung hin und jage
die letzte Süße in den schweren Wein…

Die Kulturgeschichte des Weins ist die Kulturgeschichte des Menschen. Sie reicht von der Sintflut bis zum heutigen Weingenuss. Beenden möchte ich die Weinbetrachtung mit Mascha Kaleko. Sie sitzt im herbstlichen Hause beim Wein und hört ein Nachtkäuzchen:

Schon rüttelt der Wind an der Scheune.
Im Dunkel ein Nachtkäuzchen schreit.
Ich sitze alleine beim Weine
und vertreib mir die Jahreszeit…
(Aus: »Herbstabend«)

DER STACHELBEERSTRAUCH

Ribes uva-crispa

DASS DIE STACHELBEERE ZU UNSEREN Lieblingsfrüchten gehört, kann nicht gesagt werden. Die Beeren mit dem unverwechselbaren Geschmack werden nur für kurze Zeit im Jahr zum Hochgenuss, wenn Baiser mit zubereiteten Stachelbeeren oder Stachelbeerkuchen mit süßer Sahne probiert werden können. Schon zu Zeiten der Gebrüder Grimm mochte man diese »Schneekuchen«.

Zu deren Zeiten waren süße Stachelbeeren sehr beliebt, auch bei Friedrich von Schiller. Er hatte in Jena einen Blick auf sie: »... hier haben wir den Frühling nicht eben weiter vorgerückt gefunden als in Weimar, bloß die Stachelbeerhecken zeigten sich grün«. (Schiller Briefe 6,27; Grimm, Wörterbuch). Als die Kirchenrätin Griesbach Ende April Geburtstag hatte, schrieb Schiller ein Gedicht für sie, das sein kleiner Sohn vortrug. Da heißt es:

> Es wachsen fast dir auf den Tisch
> Die Spargel und die Schoten,
> Die Stachelbeeren blühen frisch,
> Und so die Reineclauden.
>
> Bei Stachelbeeren fällt mir ein:
> Die schmecken gar zu süße;
> Und wenn sie werden zeitig sein,
> So sorge, dass ich's wisse...
> (Schiller 11, 214; Grimm)

Beliebt waren Blüten und Früchte auch bei Johann Wolfgang von Goe-

18

the. Er schrieb am 7. April 1782: »Die Crokus, Leberblümgen und das Grün der Stachelbeeren machen sehr freundliche Gesichter.«

Außer den besten Erdbeersorten bezog Goethe später für seinen Garten in Weimar auch neue Stachelbeersorten aus England. Rat für deren Anbau holte er sich am 5. April 1817 beim Handelsgärtner Harras in Jena (Ahrendt & Aepfler: 83). Stachelbeersorten wurden ab dem 16. Jahrhundert gezüchtet, Kreuzungen und verschiedene Unterlagen ausprobiert. Für Hochstämmchen wurde auch eine hübsche Nordamerikanerin genommen, die heute noch als Zierpflanze beliebt ist, die Goldjohannisbeere, *Ribes aureum*.

Ziel der Züchtungen ist es, die Beeren dicker und süßer wachsen zu lassen; die feste, mit Drüsenhaaren besetzte Fruchtschale soll zarter werden.

Es sind Drüsenhaare, welche den Fruchtknoten und später die Frucht bedecken. So ist auch der Name Stachelbeere falsch, denn »Stacheln« hat die Pflanze nicht. Aber Drüsenhaarbeere! Wer möchte so etwas sagen? Dornen finden wir an ihren sparrigen Zweigen, und zwar sind es dreiteilige Blattdornen, welche sich unterhalb eines Kurztriebs entwickeln.

Vielleicht tauschen Dornröschen und Stachelbeere ihre Dornen bzw. Stacheln im Namen aus? Doch die botanisch korrekten Namen »Stachelröschen« und »Dornbeere« haben wohl keine Chance, Freunde zu finden.

Die bereits im April erscheinenden zwittrigen Blüten sind klein, grünlichrot, teilweise kräftig rot gefärbt; bei Lupenbetrachtung erscheinen sie wunderschön. Die Kelchblätter sind nach hinten oder zur Seite gekrümmt. Der Fruchtknoten ist unterständig, liegt also unterhalb der Blütenblätter. Im März und April werden die vorweiblichen »Glockenblumen« gerne von Bienen besucht, welche geringe Mengen an klebrigem Pollen in ihre Pollenhöschen packen, die sich dann graugelb färben. Später im Jahr können die Bienen reichlich Nektar mitnehmen. Nach Bestäubung und Befruchtung reifen die Samen heran und bilden mit der Fruchtschale eine Beere, die zwischen Juli und August reif wird.

Daran, dass das Frucht»blatt« ein Blatt ist, erinnern zahlreiche »Adern«; sie ziehen zu jedem einzelnen Samen, versorgen den mit allem, was zum Wachsen nötig ist und geben dem Embryo im Samen das mit, was er später zum Auskeimen benötigt. Die Samen sind in einen schleimigen Samenmantel gehüllt, von dem Teile später gerne an den Schnäbel naschender Vögel hängen bleiben und so für die Verbreitung der Pflanze sorgen.

Je nach Sorte sind die Beeren oval oder kugelig, grün, gelb oder purpurrot. An der Spitze verbleiben die alten Blütenreste. Für uns Kinder hieß das, nach der mühseligen Ernte diese Blütenreste abzuschneiden – bei jeder einzelnen Beere!

Schön ist es, eine »Grosselbeere« oder »Klusterbiere«, wie die Stachelbeeren im Rheinland hießen, gegen das Licht zu halten und die Samen in ihrer »Klosterstube« durchschimmern zu sehen. Die Klosterschülerin und spätere Schriftstellerin Bettine von Arnim erzählt in »Gespräche mit Dämonen« von der »Klosterbeere … dieser hellen sauren Stachelbeere, deren Kerne in den einzelnen Zellen gegen das Licht hin sichtbar an die Nonnen in ihren Kammern erinnern…« (Drewitz: 24).

In Klöstergärten war der Strauch sehr beliebt; wie er genannt wurde, ist weniger appetitlich: Nonnenfarzen und Nonnenfärzen. Stärker behaarte Stachelbeeren wurden Kronzel, Krienzel und Kröntsel genannt. Krönzeleninspektor, das war der Gartenaufseher am Rhein. Auch Namen wie Christbeere, Christophbeere und Welsche Erbsen waren üblich. Ein Spruch verrät, wann die Stachelbeeren beginnen zu schmecken, »Johannisdag kriege de Stachelbeeren erscht et Salz«.

Den Hühnern schmeckten wohl die unreifen »Hühnerapfeln«, wie bei den Grimms zu lesen ist: »Die unzeitigen werden an junge hüner verfüttert oder gekocht oder in gewisse torten geschlagen«.

Der Gattungsname »Ribes« soll schon seit 1290 bekannt sein. Damals wurde der Rhabarber, *Rheum ribes*, wegen seiner sauren Blattstiele so genannt und auf die Schwarze Johannesbeere *Ribes nigrum* bzw. Stachelbeere *Ribes uva-crispa* übertragen (siehe Genaust: 538f). Das Artepitheton uva-crispa übernahm Linné 1753 in seine »Species plantarum«, wobei das lateinische uva für Traube und crispus für kraus stehen soll. Worauf sich traubig und kraus beziehen, bleibt unklar. Krausbeer nannte sie schon Lonicerus in seinem Kräuterbuch von 1582. »Grosselbeeren … ohn zweiffel der zähen Heutlein halber, dann sie krachen, wann sie mit Zänen zerbissen werden« und »Ein Geschlecht der Grosselbeeren habe ich wargenommen in Germania und fast gemein umb die Statt

Trier« weiß einer der drei Väter der Botanik, Hieronymus Bock (1498-1554?) zu berichten (Nießen 1: 236).

Die Stachelbeere hat ein großes Verbreitungsgebiet; es reicht von Eurasien bis Nordafrika. Manchmal ist eine Unterscheidung der echten Wildpflanze von Kultursorten schwierig.

Stachelbeeren sind verbunden mit Erinnerungen an den Garten, nicht an Wald und Wiese, wie es bei Walderdbeeren und Himbeeren der Fall ist. Schriftsteller schrieben ihre Kindheitserinnerungen auf, wie Johann Wolfgang von Goethe in »Dichtung und Wahrheit«. Er kannte Stachelbeeren aus dem Garten seines Großvaters Textor. In dessen Garten gab es verbotene Früchte, wie die Pfirsiche am Spalier. Daher wandten er und seine Schwester sich der Gartenseite zu »… wo eine unabsehbare Reihe Johannis- und Stachelbeerbüsche unserer Gierigkeit eine Folge von Ernten bis in den Herbst eröffnete«. Heinrich Seidel (1842-1906) lässt seinen Freund »Leberecht Hühnchen« sagen: »Als ich ein Kind war … lebte ich in beschränkten Verhältnissen, aber wir hatten ein kleines Haus mit einem Garten dahinter… Eine grüne, etwas raue Sorte von Stachelbeeren wuchs dort von köstlichem Geschmack. Sie ist jetzt auch fast vergessen und verdrängt von den faden, großen englischen Riesenbeeren, die nach gar nichts schmecken.« Der Stachelbeergeschmack hatte sich seit Goethe geändert; er war wohl mit seinen englischen Sorten zufrieden. Auch der Philosoph und Wissenschaftler Francis Bacon (1561-1626) empfahl in seinem 1625 verfassten »Essay Of Gardens« diese Früchte: »Auch müssen einzelne dieser Hügel mit kleinen Strauchstämmen, die außen Stacheln tragen, bepflanzt, einzelne aber leer gelassen werden. Die Stämme können Rosen sein, Wacholder, Stechpalmen, Berberitzen … Johannisbeeren, Stachelbeeren, Rosmarin, Lorbeer, Hagedorn und so weiter…«

DER JOHANNISBEERSTRAUCH

Ribes spec.

IN UNSEREM GARTEN GAB ES Johannisbeersträucher mit schwarzen, roten und gelben Früchten. Die schwarzen mochte ich am liebsten. Was noch am Strauch verblieb, landete im »Aufgesetzten«. Von einem wanzenartigen Geruch, welcher dem Strauch mit den schwarzen Früchten nachgesagt wurde, und ihm Namen wie »Stinkstruk« in Mecklenburg, »Wanzenbeeren« im Elsass oder bereits im althochdeutschen »Wandlus« für Wanzen verpasste, habe ich nie etwas wahrgenommen. Daher finde ich die Wanze im Namen völlig unangebracht, zumal Blütenknospenextrakte der Schwarzen Johannisbeere den besseren Parfüms eine fruchtige Note verleihen.

Blüten der Roten Johannisbeere

Die roten Johannisbeeren, *Ribes rubrum*, hängen wie Geschmeide am Strauch, besonders wenn die Sonne die Beeren rubinfarbig aufleuchten lässt. Nach ihren traubigen Blüten- bzw. Fruchtständen wurden sie auch »Johansträublein« genannt oder »St. Johansperlen« oder in Schwaben »Träuble«.

Sie heißen nach Johannes dem Täufer, wie auch Johanniskraut, Johannisbrot und der Johannistag mit dem Johannisfeuer. Am 24. Juni wird sein Namenstag gefeiert. Zu dieser Zeit reifen die Johannisbeeren heran; das Johanniskraut beginnt zu blühen; die Sommersonnenwende ist schon zwei Tage vorbei und wird mit Johannis in Verbindung gebracht.

In der folgenden Legende geht es darum, wie die Johannisbeere zu ihrem Namen kam: Einst kam Johannes der Täufer in ein ödes Felsental. Er hatte tagsüber im heiligen Berufseifer leibliche Bedürfnisse nicht beachtet. Doch nun stellten sich Hunger, Durst und Müdigkeit ein. Ermattet legte er sich unter einen Strauch. »Ach«, seufzte er, »wenn doch irgendwelche Erquickung zu haben wäre. Aber weit und breit keine Hilfe, kein Mensch. Nirgends eine Quelle oder eine Frucht.« In sein Schicksal ergeben, aber voller Vertrauen auf Gott, sprach er sein Abendgebet und schlief ein. Während der Nacht schmiegte sich der Strauch an des Jüngers Brust. Als Johannes morgens erwachte, staunte er. Der Strauch, der am Tage zuvor nur grüne Blätter getragen hatte, war nun mit den allerschönsten roten Beeren geschmückt. Johannes kostete sie. Sie schmeckten vorzüglich. Herzlich dankte Johannes dem Herrn. Die herrlichen Trauben aber blieben dem Strauche für immer, der seitdem (natürlich) Johannisbeerstrauch heißt.

Der botanische Gattungsname *Ribes* soll aus dem Persischen stammen und auf die säuerlich schmeckenden Früchte verweisen. Araber bereiteten daraus Sirup, der als kühlendes Arzneimittel verwendet wurde. Bei uns wurde die Schwarze Johannisbeere wohl erst im 14. Jahrhundert beachtet und ab dem 16. Jahrhundert in Gärten gepflanzt. In Holstein heißt der Strauch auch »Ribbels«, »Ribiselstaude« in Österreich und »Ribisel« in der Steiermark (und früher auch bei den »Sachsen« in Siebenbürgen).

Auch bei uns wurde die Schwarze Johannisbeere medizinisch verwendet zum Beispiel als »Gichtstrauch«. In der sympathetischen Medizin wurde davon ausgegangen, dass zwischen äußerlich ähnlichen Dingen eine Verbindung (Sympathie) besteht. Bei reißender Gicht ging man vor Sonnenaufgang zu einem schwarzen Johannisbeerstrauch und sprach:

Busch, ik klag di –
di riten Jicht die plagt mi; -
Sei plagt mi woll Dag un Nacht: -
De irst Vagel, die oewer di flücht –
Die nem die riten Jicht mit.

Wenn es geklappt hat, war dann der Vagel (Vogel) von »Jicht« geplagt und hatte Flugprobleme. Auch wurde dem Kranken der »Gichtbaum« über Nacht auf die Gichtstellen gebunden, am frühen Morgen abgenommen und mit den Zweigen dreimal das Kreuzzeichen gemacht.

Interessant ist auch folgende Heilmethode aus Böhmen: Der schwarze Johannisbeerstrauch muss zur Gichtkur am Johannisabend von einer Jungfrau gestohlen und nackt um Mitternacht gepflanzt werden. Ob der Name »Jungfraustrauch« aus Sachsen von daher seinen Namen hat?

Johannisbeeren zeichnen sich durch Inhaltsstoffe aus, die seit einiger Zeit in aller Munde sind, wie Anthocyane und Flavonoide, auch Vitamin C, Zitronensäure und Pektin. Auch die französische »Cassis« findet man im Cassis-Sirup (gern auch mit Sekt aufgefüllt getrunken!) und Cassislikör. »Wilde Corinthen« wurden die getrockneten Früchte vom Roten Johannisbeerstrauch genannt. In Gemüsesuppen passen seine frische Blätter. Getrocknete Blätter geben ein aromatisches Teegetränk ab.

In einer Legende aus Luxemburg geht es um die Johannisbeertraube, welche mit einer Weintraube verwechselt wurde: »Als Johannes im Sterben lag, bat er, dass man ihm einen Rebenzweig bringe. Er wollte ihn segnen, dass er in alle Ewigkeit gut gedeihe. Man spottete jedoch seiner und brachte ihm einen Beerenzweig, den er segnete. Seit dieser Zeit gedeihen die Beeren alljährlich so außerordentlich gut und tragen deswegen auch seinen Namen.« (Reling & Bohnhorst: 325)

Bei dem Fruchtstand handelt es sich – botanisch betrachtet – um eine Traube mit Beeren, wie wir sie auch von der Weintraube kennen. Eine Traube ist dadurch gekennzeichnet, dass Früchte einzeln am Spross stehen und gestielt sind. Sie sind Leckerbissen auch für schlaue Amseln, die sich nicht so leicht vertreiben lassen, wie Josef Guggenmos (1922-2003) beobachtet und in seinem Gedicht »Rot leuchten die Johannisbeeren« festgehalten hat.

Friedlich ist es im Garten. Es ist sommerliche Mittagsstille. Doch dann rennt ein schreiender Mann herbei; er hat einen Vogel im Johannisbeerstrauch entdeckt. Doch:

Die Amsel flieht, doch nicht sehr weit.

Sie zetert laut, ist sehr empört,
weil man sie bei der Mahlzeit stört.

»Bleib von den Beeren!« schreit der Mann.
Die schwarze Amsel hört sich's an.

Der Menschen-Mann verlässt den Ort,
geht heim zum Haus, verschwindet dort.

Die Amsel huscht zum Busch zurück.
Mittagsstille. Sommerglück.

Der Preiselbeerstrauch

Vaccinium vitis-idaea

ZUR PREISELBEERE GIBT ES ZWEI schöne Geschichten. Sie stammen aus der Zeit, als der liebe Herrgott und insbesondere auch Maria, die Gottesmutter, mit den Preiselbeersammlern unterwegs war. Die folgende Sage aus den Kitzbühler Alpen lenkt unseren Blick auf die Frucht und ermöglicht es uns zu erkennen, dass sich auf der Preiselbeere ein Kreuz befindet. Daher heißt die Frucht auch »Kronsbeere« und »Kräuselbeere«.

Der Teufel wollte berühmt werden. Dazu wollte er etwas erschaffen. Das würde ihm einen größeren Anhang sichern. Also ging er zum Herrgott, um von diesem Hilfe zu erbitten. Der Herrgott war einverstanden, dachte sich aber »der Teufel kommt mir nicht obenauf«. Der Teufel überlegte, was er nun machen könne. Da sah er im Wald viele dunkelblaue Beeren wachsen. Doch ihm gefiel die rote Farbe besser und die Beeren wurden nun rot. Jeder, der diese roten Beeren nun essen würde, würde ihm gehören, so lautete sein Wunsch.
Zwei Kinder kamen des Weges und sahen nicht die ihnen bekannten blauen Beeren, sondern rote. Das gefiel ihnen sehr. Sie bückten sich, um diese zu pflücken. Doch das wusste der Herrgott zu verhindern. Er machte ein Kreuzchen auf jede Beere. Nun wusste er, dass der Teufel keine Gewalt mehr über die roten Früchtchen hätte. (Volkssagen, Nr. 49: 86)
Die liebliche Wissenschaft erklärt das »Kreuz« auf jeder Preiselbeere folgendermaßen: Das Minikreuz ist die Hinterlassenschaft der vier winzigen Kelchblättchen, welche auf dem unterständigen Fruchtknoten verblieben und nun oben jede Frucht schmücken.

Mägdepalm, die Zweige der Preiselbeere, wurden von unglücklich verliebten Burschen an das Fenster der Mädchen gestellt, jedenfalls im Bergischen. Solche Zweige waren am Palmsonntag in Mittelfranken Bestandteil des Palms. Der Grund war, dass die Preiselbeere ziemlich grün durch den Winter kommt. Daher hatte sie im Rheinischen auch die Namen »Winterkirsche« und »Wilder Buchs«. Da das Palmsträußchen nur aus etwas Grünem bestehen durfte, wurde auch Mägdepalm genommen. In anderen Orten, wie zum Beispiel im Ruhrgebiet, wurden grüne Buchszweige genommen. Schade, dass die Preiselbeere heute nicht mehr »Mägdepalm« heißt oder »Tüttebeer«, wie früher im Plattdeutschen.

Eine zweite Geschichte: Unweit der Wupperquelle, in einem der rauesten Landstriche des Bergischen, wohnte ein frommer Klausner. Die Stunden, die ihm die Andachten ließen, widmete er seinem kleinen Garten. Oft aber stieg in in ihm der Zweifel auf, ob Gott alle Menschen mit gleicher Liebe bedacht habe. besonders dann, wenn er an die blühenden Gefilde am Rhein und an die armselige Vegetation seiner Heimat dachte. Schließlich bat er die Gottesmutter und die heilige Gertrud, welche als Beschützerin der Gärten gilt, auch seinen armen Bergen eine liebliche, nährende Gabe zu verleihen.

Nun pflegte der fromme Klausner jeden Morgen frische Kränze von Mägdepalm vor die Nischen der Heiligen zu legen. Da träumte er einst, Maria und die heilige Gertrud hätten seine Bitte erhört. Maria habe seine gewundenen Kränze der heiligen Gertrud gereicht und diese habe Zweige und Blätter des Mägdepalms über die Berge der Gegend verstreut.

Als der Klausner am nächsten Morgen erwachte, sah er die Berge ringsum in purpurroter Fruchtfülle schimmern. Der Mägdepalm, nun auch »Muttergotteskirsche« genannt, stand überall mit seinen herrlich roten Beeren und der Einsiedler war voller Freude über das »würzige Obst«, das die öden Berge in eine purpurne Fruchtlandschaft verwandelt hatte. (Nießen, 1. Bd: 223)

Das würzige Obst wird als Kompott gerne zu Wildgerichten und zur geschmacklichen Verfeinerung z.B. von Rot- oder Blaukohl verwendet.

Die Preiselbeere wächst nicht nur im Bergischen. Sie kommt auch in den Alpen und bis hoch in den Norden vor, bis Grönland. Dass sie bis minus fünfzig Grad aushalten kann, liegt daran, dass sie ein so kleiner Zwergstrauch ist. So kann sie sich unter der schützenden Schneedecke verbergen und ist dem schneidenden Wind, der gerne Feuchtigkeit mitnehmen würde, nicht ausgesetzt. Damit sie sich unter einer Schneedecke verbergen kann, muss sie auch so niedrig bleiben. So hoch die Schneedecke (ungefähr fünfundzwanzig Zentimeter), so hoch die Preiselbeere. Da ist Absprache nötig. Sie ist ihrer Lebensform nach ein so genannter »Chamaephyt«, der seine Überdauerungsorgane, seine Erneuerungsknospen, maximal in dieser Höhe anlegt. Das Sytem der pflanzlichen Lebensformen hat sich im Jahre 1919 der dänische Botaniker Raunkiær (1860-1938) ausgedacht, nach dem wir nun Baum, Strauch, Staude und so weiter in die entsprechenden »Schubladen« packen können.

Vielleicht sind Sie auf dem Markt oder in einem Geschäft schon einmal auf den Begriff »Kulturpreiselbeere« gestoßen. Wahrscheinlicher ist, dass Sie diese als »Cranberry« kennen. Ihr botanischer Name ist *Vaccinium macrocarpon*. Sie hat ihre Heimat in Amerika und wird dort seit über zweihundert Jahren kultiviert. Ihre Früchte sind leuchtend rot wie die der Preiselbeere, wonach sie denn auch benannt sind.

Schön ist ihr deutscher Name »Kranichbeere«. Kranichartig sehen aber nicht die Beeren aus, sondern ihre hübschen Blütchen. Da die Kronblätter zurückgeschlagen sind wie bei einem Alpenveilchen, kann der Kranichschnabel voll zur Geltung kommen. Der vermittelt durch die Staubblätter, zwischen denen aus der Mitte die Griffel hervorragen, das Erscheinungsbild eines Kranichschnabels.

Wie genau die »alten« Amerikaner die Blüte der »crane berry« betrachteten und deswegen die Pflanze mit diesem schönen Namen versahen! Bei uns ist das eingebürgerte Pflänzchen in Hochmooren zu finden, auch unter dem neueren botanischen Namen *Oxycoccus macrocarpos*.

Außerdem haben die Cranberries noch eine andere botanische Seltenheit zu bieten: sie haben in ihren Früchten vier Luftkammern. Dadurch sind sie leichter als Wasser, was in Amerika zu einer einzigartigen Erntemethode geführt hat. Die Cranberryfelder werden mit Wasser geflutet, die Früchte durch einen Strudelsog von der Pflanze getrennt, die intakten Beeren hüpfen über eine Barriere und werden so von geschädigten Beeren getrennt. Diese gehüpften werden dann frisch oder wie Weinbeeren getrocknet verkauft. Die nicht gehüpften landen als Saft oder Kompott im Handel. Der Geschmack ist herb säuerlich und setzt sich dadurch von den meist süßen Zutaten zum Beispiel für einen Weihnachtsstollen gut ab. Zum amerikanischen Thanksgiving-Menü sind die Cranberries unverzichtbar. Es gibt auch noch Cranberry Sauce, Cranberry Chutney, Cranberry Cookies, Cranberry Pie, Cranberry Bread, Cranberry...

DER HEIDELBEERSTRAUCH

Vaccinium myrtillus

WAS DER PREISELBEERE DER TÜTTEBÄR, ist der Heidelbeere der Blåbär, jedenfalls im Nordischen. Ein vierteiliges Kreuzchen wie auf der
Preiselbeere sehen wir auf der Heidelbeerfrucht nicht, sondern mehr
oder weniger deutlich einen fünfstrahligen Stern. Das kommt daher,
dass bei Blåbär fünf winzige Blütenkelchblättchen das Krönchen bilden. Auch ist der Blaubeerstrauch sommergrün und wirft im Herbst
seine Blätter ab. Seine Früchte werden am liebsten roh gegessen, während die Preiselbeere meist zu Kompott verarbeitet wird.

Zahlreiche Bräuche legen Zeugnis davon ab, dass die Blaubeeren schon
vor Jahrhunderten sehr beliebt und begehrt waren. Gesammelt wurden die Beeren oft von Kindern, die gemeinsam in die Wälder zogen.
Um möglichst große Ausbeute zu machen, wurden »Beerenopfer« gebracht. Die Kinder legten dazu einige Beeren in einen hohlen Baum
oder auf einen Stein, den Wählestein, und zerdrückten die Beeren.
Damit sollten die Angriffe des »Heidelbeermannes« bzw. des Beeri-
männli abgewehrt werden. Dieser Waldgeist soll besonders im Thürin-
ger und Braunschweiger Raum unterwegs gewesen sein.

Auffällig ist es, dass viele Bräuche und Geschichten mit der Maria, der
Mutter Jesu, verbunden sind. Fielen zum Beispiel die Heidelbeeren
beim Sammeln auf die Erde, wurden sie – wie in Nordböhmen – liegen
gelassen. Sie galten dann als Muttergottesbeeren. Ging die Muttergottes

vorüber, hob sie sie auf. In Trier wurden Heidelbeeren vor einem Madonnenbild ausgestreut. Aus dem Hunsrück wird berichtet: »Am Wege stehen zwei Feldkapellen der Muttergottes. Da siehst du die Steinfliesen vor dem Madonnenbild wie von dunklem Blute gerötet, hunderte Heidelbeeren sind daher gestreut. Beobachte die muntere Kinderschar, die eben mit hoch gefüllten Körben, ihrer Tagesernte, aus dem Walde kommt! Vor der Kapelle verstummt ihr Lachen und Singen. Sie setzen die Körbe nieder und verrichten ernst ihr Gebet. Sodann streut ein Kind als Dankesopfer aus dem vollen Korbe eine Handvoll Beeren vor das Madonnenbild. So will es die fromme Sitte.« (Nießen 2: 276)

Zur Heidelbeerernte gehörten Korb und »Wehlenkamm«. Dieser große Kamm kam nur beim Heidelbeerernten zum Einsatz. Mit ihm wurden die Beeren abgestreift. »Wehle« hieß die Blaubeere in der Eifel und im Hunsrück. Durch einen breiten Blechtrichter gelangten die Früchte in den Korb. In manchen Regionen war das Blaubeersammeln im Wald zeitweise wegen Tollwutgefahr regelrecht verboten – auch ein Grund, warum man heutzutage kaum noch Blaubeerensammler oder -sammlerinnen sieht.

Entstanden sein sollen die Heidelbeeren aus Rosenkranzperlen, welche um ein Marienbild in einer Kapelle gehangen haben sollen. Ein armes Mütterlein hatte vor dem Bild gebetet und ihr Gebet sei erhört worden. Es hatte um Essen gefleht und die Rosenkranzperlen verwandelten sich in Heidelbeeren. Schön ist die Vorstellung, dass da, wo Heidelbeeren wachsen, die Eingänge zu den Wohnungen der Zwerge sind, welche einen Schatz hüten.

Vielleicht haben Sie sich schon einmal gewundert, dass Sie keine blauen Lippen, Zähne oder Finger bekamen, wenn Sie Blaubeeren gegessen haben. Oder Sie staunten, dass die Früchte so groß waren. Dann haben Sie keine »Bilberry« (Blaubeere) gegessen bzw. gepflückt, sondern die »Huckleberry« auf dem Markt gekauft. Deren Namen kennen Sie längst aus der Weltliteratur: »Die Abenteuer des Huckleberry Finn« von Mark Twain. Oder Sie waren selbst in Amerika unterwegs,

Vaccinium corymbosum

haben Muffins mit der dort einheimischen »Amerikanischen Blueberry« gegessen, *Vaccinium corymbosum*.

Aus denen wurden die »Kulturheidelbeeren« gezüchtet, die jetzt auch bei uns zu kaufen sind. Unsere einheimischen Heidelbeeren werden kaum noch angeboten. Die dunkelblaue Kulturheidelbeere ist bis 1,5 Zentimeter groß. Gefärbt ist nur die Fruchtschale, innen ist die Frucht nicht blau, verfügt also nicht über eine so große Menge an blauem Farbstoff wie unsere Bilberry, Blaubeere. Ein großer Vorteil der Huckleberry, Kulturheidelbeere, liegt in ihrer längeren Haltbarkeit und der leichteren Ernte, werden die Sträucher doch bis zu vier Meter hoch.

Neben Bil-, Huckle- und Blueberry haben wir noch die Cowberry, unsere Preiselbeeren, sowie die »Cranberry«, *Vaccinium macrocarpon*, Großfrüchtige Moosbeere oder auch »Kranichbeere«.

DIE ZITRUSGEHÖLZE – DUFTENDE PANZERBEEREN

An einem Zitrusbäumchen duftet alles: die weißen Blüten, die gelbe oder orangefarbene Schale der Früchte, in der sich ätherische Öle befinden, die orangene oder zitronengelbe Frucht selber, saftig und lecker. Zitronen blühten und blühen im Sehnsuchtsland Italien:

> Kennst du das Land, wo die Zitronen blühn
> im dunklen Laub die Goldorangen glühn.
> Ein sanfter Wind vom blauen Himmel weht,
> Die Myrte still und hoch der Lorbeer steht?

Dahin will Mignon mit ihrem Geliebten ziehen, weiß Goethe in »Dichtung und Wahrheit« zu erzählen. Kurz nach seinem 37. Geburtstag hatte sich Johann Wolfgang Goethe nach Italien aufgemacht. Aus Rom schrieb

er am 14. April 1788: »In unserm Hausgarten versorgte ein alter Weltgeistlicher eine Anzahl wohlgehaltener Zitronenbäume von mäßiger Höhe in verzierten Vasen von gebrannter Erde, welche im Sommer der freien Luft genossen, im Winter jedoch im Gartensaale verwahrt standen. Nach vollkommen geprüfter Reife wurden die Früchte sorgfältig abgenommen, jede einzeln in weiches Papier gewickelt, so zusammengepackt und versendet.« (Goethe: 719)

David Teniers, Ein Orangengärtner, 1644

In unseren Breiten blühen zwar auch Zitrusbäumchen, aber reif werden die Früchte nur in sehr sonnenreichen Sommern. Um sie vor Frost zu schützen, sind sie in Kübel zu pflanzen, um sie so vor dem Winter ins Kalthaus stellen zu können.

Mit Zitrusbäumchen zaubern wir in unseren sommerlichen Gärten ein mediterranes Flair; wir verträumen uns in südliche Gefilde, in die vermeintliche Heimat von Zitronen und Goldorangen. Doch im Mittelmeergebiet sind sie nicht zuhause; die Heimat ist etliche tausend Kilometer weiter östlich. Der botanische Name der Apfelsine verrät die Heimat: *Citrus sinensis*, der Apfel aus China. Hier wurden Zitrusfrüchte schon vor dreitausend Jahren genutzt. Ein kurzer Abriss über die Einwanderung der Zitrusfrüchte nach Europa und Preußen sei gestattet.

Portugiesische Schiffsreisende hatten Zitruspflanzen zunächst nach Portugal gebracht. So soll die Pflanze in Italien auch zunächst »Portugallo« geheißen haben. Ab dem 13. Jahrhundert gab es Orangengärten in Portugal. Um 1500 soll ein Orangenbaum in Navarra von Leonore von Castilien, der Gemahlin Carl III., aus Samen gezogen worden sein. Bald war der Besitz von Orangenbäumen in königlichen Schlossgärten ein Statussymbol. Die Gärten wurden mit den duftenden Gewächsen geschmückt oder man biss in eine Zitrone, wie es im 17. Jahrhundert die Frauen am Hofe taten. Sie trugen Zitronen mit sich und bissen ab und an hinein. Warum sie das taten? Sie parfümierten ihren Atem, und ihre Lippen bekamen ein helleres Rot.

Die gerade entstehenden Gewächshäuser hießen nun Orangerien und ermöglichten das winterliche Überleben der kostbaren Gehölze.

Carl Friedrich Blesendorf, Blick auf das kurfürstliche halbrunde
Pomeranzenhaus im Lustgarten des Residenzschlosses in Berlin, um 1695

Auch in Preußens Schlossgärten zogen Zitrusbäumchen ein. Mitte des 17. Jahrhunderts war im Berliner Lustgarten ein erstes Pomeranzenhaus entstanden, in welchem Dr. Elßholz, Botanikus und Leibarzt des Großen Kurfürsten, über neunhundert exotische Pflänzchen angesammelt hatte. Zitruspflänzchen standen auch bald in der Großen Orangerie des Schlosses Charlottenburg. In Potsdam neben dem Schloss Sanssouci wurde eine Orangerie (heute Neue Kammern) gebaut. Doch wer wusste mit diesen empfindsamen Bäumchen umzugehen? Das konnte nur der Gärtner Johann Hillner aus Charlottenburg. So wollte der Alte Fritz die Pflänzchen samt Gärtner »verpflanzen«. Doch der protestierte, worauf der König anordnete: »Er sei inclusive der Bäume mitgekauft…«. Hillner jammerte nun um seine Familie, worauf der König befahl »seine eigentliche Familie seien doch die Orangeriebäume, indess solle es ihm auch nicht an seiner lebendigen fehlen, er habe bereits befohlen, dass dieselbe nach Potsdam kommen solle.« So geschah es. (Cyran, 1962)

Zitrusfrüchte sind kompliziert, aber gut »durchdacht« aufgebaut. Jede Zitrusfrucht hat mehrere Fruchtblätter in sich vereinigt. Gemeinsam sind sie von einem festen Panzer umschlossen. Die duftende Beerenhaut – »Flavedo« genannt – ist von Carotinoiden gefärbt, mal kräftig orange, mal blässlich gelb. Darunter folgt eine mehr oder weniger dicke und weiße Schicht – »Albedo« – welche sich abschälen lässt. Nun erscheinen die zu einer Kugel verwachsenen Fruchtblätter. Jedes einzelne Zitrusfrüchtchen ist von einer feinen, beerigen Haut umschlossen. Von dieser Haut ziehen zahlreiche »Saftschläuche« in die Apfelsinenmitte, wo »zentralwinkelständig« die Samen um die Columella, das Säulchen, angeordnet sind.

So kompliziert die Früchte aufgebaut sind, so kompliziert ist es auch mit den botanischen Namen. Das ist oft bei Pflanzen der Fall, welche seit Jahrhunderten in Kultur sind und von denen zahlreiche Sorten gezüchtet wurden. Zwei von ihnen stelle ich vor: die aus Nordindien stammende Pomeranze oder Bitterorange und die Bergamotte.

DIE POMERANZE

Citrus x aurantium

GOLDFARBEN IST DIE POMERANZENOBERFLÄCHE, was Eingang in den botanischen Namen fand: »aurum« für Gold. Von der Pomeranze werden verschiedene Pflanzenbestandteile genutzt. In Orangenmarmelade steckt die gesamte Frucht. Ein Stollen ohne »Orangeade« ist kein richtiger. Orangeade wird aus der äußeren Fruchtschale der Pomeranze gewonnen. Zitronat dagegen stammt von der Zitronatzitrone, *Citrus medica*. Der Pomeranzenduft machte Karriere bei der Herstellung von Parfüms, wie das Neroliöl; das wird aus Blüten gewonnen. Das Bitterorangenöl stammt aus den Fruchtschalen und Petitgrainöl aus den Blättern.

Gestaunt hat Johann Wolfgang von Goethe, als er im März eine »alte« Pomeranze am Baum hängen sah. Das animierte ihn zu dem Gedicht »An seine Spröde«:

Siehst du die Pomeranze?
Noch hängt sie an dem Baume;
Schon ist der März verflossen,
Und neue Blüten kommen.
Ich trete zu dem Baume
Und sage: Pomeranze,
Du reife Pomeranze,
Du süße Pomeranze,
Ich schüttle, fühl, ich schüttle,
O fall in meinen Schoß!

Der Begriff »Landpomeranze« stammt nicht aus Goethes Feder.

Er geht auf Wilhelm Hauff zurück. Im Jahr 1825 hatte er »Der Mann im Mond« geschrieben, worin es heißt: »... nein es war zu unverschämt; bei andern hatte er nach den ersten Präliminarien beinahe ohne Schwertstreich gesiegt, und dieses Landpomeränzchen hatte ihm so imponiert, dass er es nicht wagte, nachdem sie ihn einmal mit Verachtung abgewiesen hatte, noch einmal einen Versuch zu machen...«

Seitdem versteht bis heute jeder, was mit »Landpomeranze« gemeint ist.

Antoine Poiteau,
Bigaradier d'Espagne, 1818

Die Bergamotte

Citrus x limon

BEI EINEM SPAZIERGANG AUF WERDER, der schönen Ha-
velinsel, standen wir nach einem Besuch des sehr sehens-
werten Obstbaummuseums vor einem Birnbaum, auf dessen
Schildchen steht, dass es sich um eine Bergamotte handele.

Das war der erste Bergamottbirnbaum meines Lebens. Zwei Früchte bzw. Pflanzen mit dem gleichen volkstümlichen Namen! Was es mit
den Namen Bergama, Bergamo oder der Bergamotte auf sich hat,
überlassen wir den Pomologen. Wir bleiben bei *Citrus x limon*
mit dem alten Namen *Citrus bergamia*.

Bergamottöl, das war der Duft, den
unsere Vorfahren schätzten: Kölnisch
Wasser, Eau de Cologne, 4711. Die
Bergamotten aus Sizilien und Kalabri-
en geben noch heute ihre Schalen mit
ätherischen Ölen dafür her. Auch in
anderen Parfüms und Kosmetika ist es
enthalten. Der Duft wird von den »Na-
sen« als frisch und belebend beschrieben. Der Geschmack wird auch in Ta-
bak und Tee (Earl Gray), Bonbons,
Marmelade und im Curacao-Likör geschätzt.

KÜRBISGEWÄCHSE
DIE GRÖSSTEN PANZERBEEREN

WASSERMELONE

Citrullus lanatus

ALS BEI DER GROSSEN FAMILIE DER Kürbisgewächse die Entscheidung anstand, ob die Früchte zum Obst oder zum Gemüse gehören wollten, kam kein eindeutiges Ergebnis zustande. Die einen entschieden sich für das Obst, die anderen fürs Gemüse. Zum Obst rechnen wir die Wasser-, Zucker- und Honigmelonen.

Boris Kustodijew,
Kaufmannsfrau am
Teetisch, 1918

Die reife Wassermelone prunkt mit kräftigen Farben: grasgrün, ein wenig marmoriert ist die »Panzer«oberfläche. Leuchtend rot ist das Fruchtfleisch, in

39

dem dekorativ schwarze Samen versammelt sind.

Die gelbe Farbe ist den getrennt blühenden weiblichen und männlichen Blüten vorbehalten. Es ist schon erstaunlich, dass aus den relativ kleinen Blüten solch große Früchte entstehen. Auch ist es nur recht, dass die gewichtigen Panzerbeeren auf der Erde liegen, wenn sie heranreifen. Insbesondere im heißen Sommer sind seine bis zu 95 Prozent wasserhaltigen süßen Früchte sehr erfrischend. Die Heimat der Wassermelone ist das tropische Westafrika; doch wird sie mittlerweile in zahlreichen warmen und trockenen Ländern angebaut.

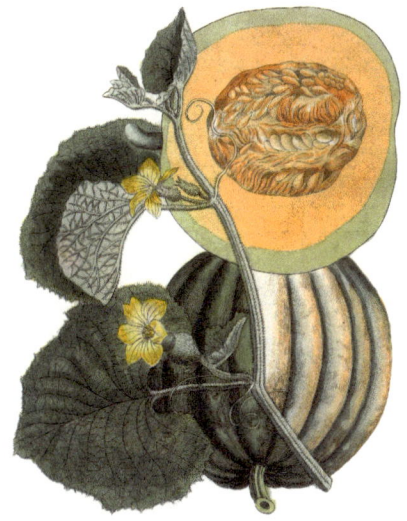

ZUCKERMELONE

Cucumis melo

AUCH IN DER GATTUNG CUCUMIS war man sich der Zugehörigkeit zum Obst bzw. Gemüse nicht einig. Neben der Zuckermelone gibt es Arten mit nicht süßen Früchten, wie *Cucumis sativus*, unsere Salatgurke.

Süße Sorten der Zuckermelone sind Wintermelone, Netzmelone und Cantaloupe-Melone. Sie sind unterschiedlich gefärbt sowohl was die Oberfläche betrifft als auch das Fruchtfleisch. Die Zuckermelone ist deutlich kleiner als die Wassermelone, meist kleiner als Kopfgröße.

Die Zuckermelone war bereits früh in Deutschland bekannt. Das zeigen ihre zahlreichen volkstümlichen Namen. Auf der Bodensee-Insel Reichenau gab es einen Abt namens Strabo. Von dem wissen wir, dass er *Cucumis melo* bereits um das Jahr 840 in seinen Garten pflanzte. In seinem Buch »Hortulus« stellte er über zwanzig Heilpflanzen in Versform vor; darunter auch die Melone. Hier ein Ausschnitt über »Pepones – Melone – *Cucumis melo*«:

> Diese Sorte von Früchten, sie lagert sich meist auf des Bodens
> Trockenem Rücken und schwillt in erstaunlich mächtigem Wachstum,
> Bis sie dann, gelblich gefärbt von den Sonnenstrahlen des Sommers,
> Füllet mit reifem Ertrag die Körbe des erntenden Gärtners…
> Wenn nun tief in den Leib dieser Frucht eindringet das Messer,
> Locket es reichliche Bächlein hervor, und es schwimmen im Safte
> Massenhaft Samen. Zerteilt man das hohle Gehäuse von Hand in
> Zahlreiche Stückchen, so freut sich der Gastfreund bei Tische des guten
> Leckerbissens der Gärten. Denn Weiße des Fleischs und Aroma
> Schmecken dem Gaumen…

41

Nussiges auf dem Gemälde »Vertumnus« von Arcimboldo.
Esskastanien als Kinn mit Bart, Lambertsnüsse als Schnurrbart,
eine Weiße Maulbeere im Augenwinkel

Von Nüssen und Sammelnüsschen

Die Nuss ist eine vegane »Extrawurst«. Sie nimmt innerhalb der essbaren Früchte eine Sonderrolle ein. Sie wird nicht zum Obst gerechnet, auch nicht zum Gemüse; sie ist eine unsüße, nahrhafte Nuss. Wenn wir da nicht die geliebten Sammelnüsschen hätten, die Erdbeeren! Deren Entstehung aus einer Blüte stellt ein dramatisches Geschehen dar.

Nicht in allem, wo Nuss drauf steht, ist auch Nuss drin. Bei Walnuss und Mandel öffnen wir die Schublade mit den Steinfrüchten, um sie botanisch korrekt einzusortieren.

Bei den Nüsschen hat sich eine besondere Kreativität breit gemacht. Sie werden umhüllt von saftig werdendem Blütenkelch, wie beim Sanddorn, oder von fleischig werdenden Blütenblättern wie bei der Maulbeere 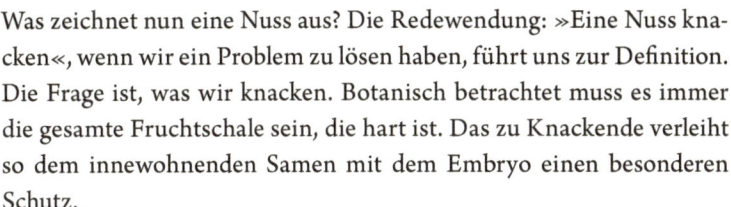 größer und farbig gemacht. Die Esskastanien werden in der All- tagssprache nicht als Nüsse bezeichnet und doch sind sie welche.

Bitte nicht verzweifeln. Wir wollen unser täglich Obst botanisch erklären, ohne dass Sie den Spaß daran verlieren. Es kann Spaß machen, botanische Nüsse zu knacken. Bei der Haselnuss ist dies ganz leicht; unsere liebe alte Haselnuss ist eine Nuss und hat Extravaganzen gar nicht nötig.

Was zeichnet nun eine Nuss aus? Die Redewendung: »Eine Nuss knacken«, wenn wir ein Problem zu lösen haben, führt uns zur Definition. Die Frage ist, was wir knacken. Botanisch betrachtet muss es immer die gesamte Fruchtschale sein, die hart ist. Das zu Knackende verleiht so dem innewohnenden Samen mit dem Embryo einen besonderen Schutz.

Der Esskastanienbaum

Castanea sativa

Da haben die Römer etwas Schönes aus ihrer Heimat mitgebracht, als sie Germanien und Britannien eroberten! Seither sorgt die Esskastanie, hier für mediterranes Flair. Seit dieser Zeit nutzen wir die Samen, die Maronen, als schmackhafte Delikatesse, zum Beispiel geröstet im Winter oder im Bauch einer Gans. Mit den Samen haben wir auch ein sehr altes Heilmittel vor uns. Früher wurde wohl nur die Frucht als *Castanea* bezeichnet, nicht der Baum. Von Kastana, einer Stadt in Thessalien, soll der Name auf jeden Fall nicht abstammen. Doch wovon dann? Vom Epitheton wissen wir: sativa bedeutet so viel wie »angebaut«.

Mitte bis Ende Juni blühen die Esskastanien. Der gesamte Baum ist von cremefarbenen Blüten eingehüllt. Keine anderen Bäume blühen in dieser Zeit so auffällig. Da ist für die fleißigen Bienen ein reicher Tisch gedeckt.

Cremefarben sind die männlichen Blütenkätzchen. Von weiblichen Blüten ist noch nichts zu sehen. Doch bald erkennen wir, dass sich am Grunde des Kätzchens einige stachelige »Knubbeln« entwickeln, welche rote Narben herausstrecken. Wo Narben sich zeigen, ist der Rest weiblicher Blüten nicht weit.

Die Esskastanie ist ein einhäusiger Baum. Sind die männlichen Kätzchen verblüht, fallen sie ab und bilden einen Teppich auf dem Boden unter dem Baum. Nun kommen am gleichen Baum die Frauen zum Zuge. Die stacheligen »Knubbel« werden dicker und dicker; in ihnen entwickeln sich die Früchte. Sind diese reif, fällt der stachlige Knubbel mit ihnen hinunter. Der Knubbel springt auf und wir sehen – die Früchte!

Ja, der stachlige Knubbel hat seine schützende Aufgabe erledigt. Der botanische Name für den »Knubbel« ist »Cupula«, auch Fruchtbecher.

Solche Cupuli hat unsere Esskastanie mit anderen Buchengewächsen gemein, zum Beispiel mit den Rotbuchen und Eichen. Betrachten wir die stachlige Hülle der Bucheckern oder die »Pfeifen«, in denen die Eicheln sitzen. Da haben wir etwas Vergleichbares. Diese Cupuli entwickeln sich nicht aus Fruchtgewebe, sondern aus Sprossgewebe. Die Cupuli umwachsen bei der Esskastanie zwei oder drei Früchte und werden immer stachliger. Die mittlere Frucht ist meist die dickste; die beiden benachbarten sind oft taub, das heißt, dass sie keine Früchte entwickeln durften.

Dass es sich bei den braunen glänzenden Gebilden um Früchte handelt und nicht um Samen, sehen wir an den kleinen Zipfelchen. Das sind die Reste der Blüte, die alten Griffel mit ihren alten Narben. In der harten Fruchtschale liegt das, was so lecker schmeckt: roh, gebacken oder gekocht. Das ist der Samen mit seiner feinen braunen Samenhülle. Der Same ist der nahrhafte fettreiche Embryo, der auskeimen würde, wenn man ihn ließe. Der Embryo schmeckt geröstet sehr gut, zum Beispiel, wenn wir die Kastanien für uns oder andere aus dem Feuer holen.

Bitte nicht das Mitbringsel der Römer, die mediterrane Esskastanie, mit unserer Rosskastanie verwechseln! Obwohl beide stachelige Umhüllungen haben, handelt es sich bei denen jedoch um verschiedene Pflanzenteile. Die stachelige Umhüllung bei der Rosskastanie ist die Fruchtschale und nicht der Fruchtbecher, wie bei der Esskastanie. Und der Same mit seiner wunderschön gemaserten und strukturierten Samenschale hat keine »Zipfelchen«. Beide Baumarten sind in verschiedenen Familien zuhause.

Was die Esskastanie außerdem bei uns beliebt macht, ist, dass sie zu den Heilpflanzen gehört, und das seit über tausend Jahren. Laut Hildegard von Bingen (Buch 3-12: 248. s.a. Müller: 128) soll die Esskastanie eine ungewöhnlich große Heilkraft gegen Krankheiten aller Art besitzen und bei Gicht, Gemütsleiden, Herzschmerzen, Leber-, Milz- und Magenleiden zur Anwendung gekommen sein. Schon das Berühren des Holzes und das Einatmen des Duftes soll Heilwirkung gehabt haben, meinte Hildegard.

Im »Buch der Natur« schrieb Konrad von Megenberg (1309-1374) von der apotropäischen Wirkung von *Castanea*, dass sie gegen Schlangen- und Hundebiss helfen würden: »Wer die kestennüz zestoezt mit salz und dar nach mit honig mischet, daz ist guot wider die slangen pizz und wider der töbigen hund pizz.«

Heute werden Blätter, Rinde und Samen der Esskastanie immer noch bei Erkrankungen genutzt, so die Blätter als Expektorans bei Bronchitis und Keuchhusten. Da die Samen über einen hohen Gerbstoffgehalt verfügen, sind sie als Antidiarrhoikum geeignet.

Doch nun zum schmackhaftem Teil unserer Kastanienbetrachtung, zu den Rezepten:

Rösten: Zum Rösten wird die Kastanie mit eingeschnittener Fruchtschale in den Backofen gelegt. Wenn die Fruchtschale weiter aufbricht, können die Kastanien aus dem »Feuer« geholt werden. -Das Einschneiden ist ganz wichtig. Tut man dies nicht, können die Maronen platzen und für den Rest des Tages ist Backofensäubern angesagt.

Püree: Die Esskastanien werden als Ganzes, also mit der braunen Fruchtschale, gekocht. Nach dem Abkühlen wird die Fruchtschale abgenommen, die feine braune Samenschale ebenfalls. Nun wird der schmackhafte Embryo zerstampft. Mit wenig Zucker, Milch und Butter entsteht ein dicker Brei. Lecker! Er kann zu verschiedenen Kohlgerichten gereicht werden oder verschwindet im Bauch von Geflügel.

Sind Sie schon einmal durch die Kastanienwälder von Korsika gewandert? Dann sind Sie sicherlich den wild herumlaufenden Schweinen begegnet. Die mögen die Esskastanien auch ungebacken gerne. Das wissen später die Schweinefleischesser zu schätzen.

Dieser wunderbare Baum sorgt nicht nur für Fernweh nach dem sonnigen Süden, er präsentiert tausendfaches Summen von Bienen und anderen Insekten im cremefarbenen Sommer-Blütenwunder und lässt uns Gutes in der Küche bereiten, er verführte die Schriftsteller zum Lauschen und dazu, darüber Texte zu schreiben. Wenn Sie sich etwas Gutes antun wollen, machen Sie es wie der flämische Diplomat und Autor Marnix Gijsen (1899-1984). Er stellte sich unter eine Esskastanie und lauschte. Gijsen hörte seinem Baum zu, wie er auf der Harfe spielt, wie er nachts murmelt und säuselt, aber auch schweres Ächzen von sich

Jean-Pierre Houël, »Kastanienbaum der hundert Pferde«, 1777

gibt: »Es gibt nur einen Baum, der mein Baum sein kann... Als wir aber
Ende Juni das Häuschen bezogen, stand der Baum in voller Blüte. Er
überschattete das ganze Grundstück, streckte seine Äste über das spitze
Dach des niedrigen Hauses. Er verdunkelte das vordere Zimmer, und er
verdeckte den Horizont zwischen den Häusern. Durch sein Blätterdach
konnte ich nicht hindurch sehen. Wenn es regnete, klang es wie eine
Harfe; und während der ganzen Nacht drangen ein Gemurmel und ein
Säuseln aus ihm, Geräusche, die ich noch nie gehört hatte... Anfangs
hatte ich keine Lust, durch die Wiesen zu laufen oder durch die Wälder
zu wandern. Regungslos saß ich in den ersten Tagen stundenlang dort
und betrachtete den Baum, das Wunder, diese große, kräftige Kastanie,
die fast nie schwieg, die immerzu mit neuen Geräuschen sprach; und
die sich plötzlich in später Nacht durch schweres Ächzen bemerkbar
machte. Der Baum lebte, er redete; und ich lauschte dem Geheimnis,
das er mitteilen wollte und das ich nicht verstand. Ich war ein Kind aus
der Stadt, und seine Sprache war mir fremd.« (Hindermann: 332-334)

DER HASELNUSSSTRAUCH

Corylus avellana

BEI DER HASELNUSS IST DIE FRUCHTBESCHREIBUNG einfach. Als echte Nuss hat sie eine harte Fruchtschale. Mehr ist
nicht. Drinnen liegt der Embryo, eingehüllt in seiner braunen, dünnen Samenschale. Zuvor lohnt ein
Blick auf deren Aderung. Dann wird in die leckeren ölhalti-
gen Keimblätter gebissen. Wenn wir einen Samen der Länge
nach brechen, bemerken wir am oberen Ende einen Knubbel.
Der ist der Rest vom Embryo mit winzigen Keimblättchen und
winziger Sprossachse. Dorthin führt die Columella, die wie eine
Nabelschnur fungiert und den Samen ernährt. Wir verfolgen sie bis zur
Basis, wo die helle Stelle, Hilum genannt, zu sehen ist; mit der
saß die Frucht der Mutterpflanze an.

Der Specht weiß genau, an welchen Stellen er in die
harte Fruchtschale hacken muss. Sie sind auf auf
der Zeichnung mit * gekennzeichnet. Hier lässt sich die Nuss
am besten öffnen. Machen wir es dem Specht nach.

Die Erdbeerpflanze

Fragaria vesca
Fragaria x ananassa

»Iss hampfelvoll, se viel de witt; sie stillen eim der Hunger nit!« Dass Erdbeeressen nicht satt macht, wissen wir alle. Mit der Liebe soll es ähnlich sein. Der Schlussstrich wird erst gezogen, wenn die Erdbeerzeit vorüber ist. Dann bleiben nur noch Erdbeermarmelade und Konserven. Ersetzen können diese die frischen Früchte nicht. Auch in diesem Punkt ist es wie mit der Liebe.

Der Duft der Erdbeere fand Eingang in die botanische Namensgebung. »Fragaria«, das ist der Wohlgeruch; »vesca«, das Artepitheton, stammt aus dem Lateinischen und meint die Kleinheit des Pflänzchens. Wir haben es also bei *Fragaria vesca* mit einer kleinen duftenden Pflanze zu tun. Das ist die Walderdbeere; glücklich kann sein, wer sie heute noch im Wald findet. Sie schmeckt ganz anders als unsere Gartenerdbeere.

Die Abbildung zeigt eine Bordüre aus dem flämischen Rothschild-Stundenbuch, welches zu Beginn des 16. Jahrhunderts illustriert wurde. So mächtig ist die Erdbeerpflanze in einem Korb dargestellt, dass sie in einem Karren geschoben werden muss. Das Pflänzchen mit den dreiteiligen Blättern blüht und fruchtet gleichzeitig. Die Zahl »drei« taucht ebenfalls bei einem weiteren im Korb befindlichen Pflänzchen auf, beim Dreifaltigkeitsblümchen, *Viola tricolor*.

Die Muttergottes und das Jesuskind wurden im 15. und 16. Jahrhundert gerne im »Hortus conclusus«, dem geschlossenen Garten, gemalt. Auf dem Gemälde »Die Madonna mit den Erdbeeren« (Oberrheinischer Meister, um 1425) sehen wir an einem Gitter hochwachsend weiße und rote Rosen; auf dem Boden blühen Märzenbecher, Veilchen und Maiglöckchen; Maria sitzt auf einer Gartenbank inmitten duftender Erdbeeren.

Was animierte diesen und viele andere Maler, wie den Oberrheinischen Meister mit seinem »Paradiesgärtchen«, Gemälde mit Erdbeeren zu malen? Es ging um die Symbolik der Pflanzen. Die hatte zu der Zeit, als die meisten Menschen nicht lesen konnten, einen großen Stellenwert. Mit gemalten Pflanzen wurde den Gläubigen eine Botschaft übermittelt.

Die Symbolik bezieht sich auf das gleichzeitige Blühen und Fruchten der Erdbeere. Treffender konnte Jungfräulichkeit und Mutterschaft der Maria nicht dargestellt werden! Das Weiß der Blüten bedeutete »reine magetum«; Maria war die reine Magd. Die Erdbeerfrüchte mit der Farbe der Liebe waren »ir vollkumene mine«. Die dreiteiligen Blättchen der Erdbeerpflanze wie auch die drei Farben im Dreifaltigkeitsblümchen symbolisieren die Dreieinigkeit.

Unabhängig von der Pflanzensymbolik wurde auch der Genuss geschätzt; und der konnte nicht groß genug sein. Deshalb wurde die kleine Walderdbeere von Malern sehr groß dargestellt und durfte im »Garten der Lüste« nicht fehlen. Auf dem Gemälde von Hieronymus Bosch finden wir die Frucht gleich mehrmals, aber nur die Frucht. Blüten waren hier nicht gefragt. Gefragt war nur die weltliche Lust.

Bosch malte eine riesige Erdbeere samt spitzigen Sammelnüsschen, von nackten Menschen betrachtet.

Hieronymus Bosch (1450-1516), Garten der Lüste (Ausschnitte)

51

Schon Jahrhunderte zuvor, im 13. Jahrhundert, war das »Erdbeer-lied« entstanden. Ein Minnesänger namens »Wilder Alexander« soll es gedichtet haben, um darin die Erdbeere als Sinnbild der weltlichen Lust zu feiern.

Im 16. Jahrhundert wusste William Shakespeare, dass Walderdbee-ren unter Nesseln wuchsen. Das lässt er Erly im ersten Akt von »König Heinrich« sagen:

The strawberry grows underneath the nettle,
And wholesome berries thrive and ripen best
Neighbored by fruit of baser quality...

Es wächst die Erdbeer' unter Nesseln auf.
Gesunde Beeren reifen und gedeihn
am besten neben Früchten schlecht'rer Art.

Zum Verhängnis lässt Shakespeare ein mit Erdbeeren besticktes Tüch-lein »a handkerchief spotted with strawberries« werden. Othello hat-te ein solches von der Mutter geerbt. Das Unglück nimmt seinen Lauf, als Othello das Tuch seiner geliebten Desdemona schenkt. Es kommt abhanden, gelangt in die Hände eines Mannes, von dem Othello an-nimmt, dass er der Geliebte seiner Frau sei. Der eifersüchtige Othello tötet daraufhin die unschuldige Desdemona.

Es waren Walderdbeeren, welche zu Shakespeares Zeit Modell ge-standen hatten. Walderdbeeren aus der Region waren es auch, die Jo-hann Wolfgang von Goethe an Charlotte von Stein schickte, am 17. Juni 1778: »Ich schicke Ihnen Erdbeeren, wo nicht in meinem Garten doch in unsrer Gegend gewachsen...«. Nach seinem Umzug ins Haus am Frauenplan gab es Erdbeeren auch in seinem Garten. Zusammen mit einem Brief schickte er solche am 1. Juni 1781 an Charlotte: »... Die Erdbeeren sind in meinem Garten schneller als die Rosen. Hier meine Beste schick ich die ersten...«, nachdem er ihr im Juni 1780 geklagt hat-te: »... meine Rosen blühen nicht auf, meine Erdbeeren werden nicht reif...« Später wuchsen »die besten Erdbeersorten« in seinem Gar-ten, die er vielleicht aus England bezogen hatte wie die Stachelbeeren. Damals gab es bereits Hunderte von Sorten, die alle die schönsten Na-men hatten, wie Comtesse de Montmorency, Duchesse de Nemours, Princesse de Fontainebleau, u.a. (Meyer: 97ff).

Falls Goethe im Wald so für sich hinging und Erdbeerpflänzchen ausgrub, um sie in seinen Garten zu pflanzen, wurde er enttäuscht: Walderdbeeren gedeihen nicht im Garten; sie wollen im Wald wachsen. Walderdbeeren können sich nicht in Gartenerdbeeren verwandeln; es handelt sich um verschiedene Arten.

Dicke Gartenerdbeeren gibt es bei uns erst seit dem 18. Jahrhundert. Die Scharlacherdbeere *Fragaria virginiana* und die großfruchtige Chileerdbeere *Fragaria chiloensis* waren aus Nordamerika nach Europa gelangt. Die Holländer kreuzten die beiden solange, bis sie um 1750 mit *Fragaria* × *ananassa* zufrieden waren. Das x weist daraufhin, dass es sich um eine Kreuzung handelt.

Die Erdbeerpflanze bleibt niedrig, liegt der Erde an, worauf sich der Spruch bezieht: »Wer Erdbeere well plöcke, moß sich böcke« (Nießen 1: 87). »Böcke« müssen sich Säugetiere, wie Fuchs, Dachs und Igel nicht, auch nicht die Schnecke, Schrecken aller Erdbeerpflanzenbesitzer.

Gesucht wurde die Erdbeerpflanze im Wald bereits im Mittelalter. Da heißt es in den von den Grimms gesammelten Rechtsaltertümern: »Sêt, do liefen wir ertbern suochen, von der tannen, zuo der buochen, über stoc und über stein.« Sie schmeckten nicht nur gut, sondern waren auch Medizin. In einem Kräuterbuch von 1539 heißt es: »Die Köch sint der Erdbeer auch gewahr worden, machen daraus gute Müschen, aber gebühren den Kranken, besonders hitzigen Menschen mehr, denn gesunden, der Kühlung willen.«

Die Entstehung des Gesamtkunstwerkes Erdbeere verläuft dramatisch und gestaltet sich wie ein Schauspiel auf der Bühne. Vorhang auf: Es beginnt in Grün: fünf Kelchblätter umschließen die schlummernde Blüte. Nun entfaltet sich diese: fünf Kronblätter legen ihr weißes Kleid an. Das weist im Innern Gelbes auf; das sind die zahlreichen Staubblätter, die mit der Produktion von gelben Pollen beschäftigt sind. Gleichzeitig rüsten sich noch weiter in Bühnenmitte zahlreiche Fruchtblätter mit Griffeln und Narben. Die Bühne wird zur Hebebühne, wenn die Bienen ihr Werk getan und zur Befruchtung an jeder noch so wingen Narbe den mitgebrachten Pollen abgeladen haben. Schnell stecken sie noch die Pollen von dieser Blüte in ihre Pollenhöschen und verlassen den Schauplatz.

Auch die weißen Blütenblätter bereiten den Abgang vor; sie geben sich der Vanitas hin, welken und fallen ab. Die Staubblätter sind ebenfalls nicht mehr gefragt und verfärben sich ins Braune. Doch der Blütenboden! Der wird immer mehr zum Hauptakteur. Er beginnt, sich aufzuwölben, wird immer höher und höher, bis eine Art Kegel entsteht. Nach innen bildet sich eine Höhle. Die von den Bienen auf den Narben abgestreiften Pollen schicken nun durch einen Pollenschlauch die männlichen Gameten in den winzigen Fruchtknoten an der Basis des Fruchtblatts. Hier harren die weiblichen Eizellen, um sich mit den männlichen Gameten zu vereinigen. Das tun sie. Es ist vollbracht! Nun wird durch Zellteilungen der Embryo gebildet, kann sich entwickeln und ausreifen. Geschützt wird er durch eine zwar winzige, aber harte Fruchtschale. Alle Nüsschen verharren auf der Hebebühne und werden von dieser immer weiter emporgetragen. Bald hat der Fruchtboden getan, was er konnte; er hat die maximale Wölbung erreicht. Nun wird der Einsatz der Duft- und Farblabore immer dringender, um verführerischen Duft und atemberaubende Erdbeerfarbe ihrer Vollendung entgegen streben zu lassen. Bald duftet und leuchtet es mit dem schönsten Erdbeerrot zwischen grün verbliebenen Kelchblättern.

Und die Nüsschen? Die reifen nun in Gelb, manchmal auch in Rot. In verblüffend regelmäßigen Abständen sind sie auf der Oberfläche versammelt und lassen die Erdbeere eine »Sammelfrucht« sein, ein Sammelnüsschen genauer gesagt.

Da steht sie nun, die Erdbeere als Gesamtkunstwerk und wartet auf Applaus.

Doch Fragaria hat noch mehr Verblüffendes zu bieten. Dazu schneiden wir eine Erdbeere der Länge nach in der Mitte durch. Die Höhle in der Erdbeere ist ein Zeichen für guten Erdbeerkauf. Zurück mit den alten Kelchblättern bleibt das, was die Höhlung ausmachte:

Dann entdecken wir im zart rosafarbenen Gewebe weißliche Leitungsbahnen. Wunderschön sieht es aus, wie diese Bahnen zu jedem noch so kleinen Nüsschen ziehen, um dieses mit Wasser und Nährstoffen zu versorgen. Sehr fürsorglich!

Nach dem Augenschmaus kommt der Gaumenschmaus, und wir können erwartungsvoll rufen: »Ich bin so wild nach deinem Erdbeermund«. Wer einen solchen nicht greifbar hat, backt einen Kuchen, kauft Sahne und gibt sich dem vollendeten Genuss hin. Oder gönnt sich ein Stündchen wie die Engländer mit »Cream tea«. Dazu gehören Scones (Gebäck), clotted cream (dicke Rahmklümpchen) und Erdbeermus aus frischen Erdbeeren.

Erdbeeren gehören zu den beliebtesten Früchten. Wen wundert es, wenn sie nicht nur seit Jahrhunderten gemalt, bei Theaterstücken mitspielen und besungen werden. So wie es Paul Zech (1881-1946) tat. Der lässt im Stil von François Villon (1431-1464) den Schauspieler Klaus Kinski schreien: »Ich bin so wild nach deinem Erdbeermund...«, was die Frage aufwirft, war es ein Villonscher Walderdbeermund oder schon einer ähnlich denen aus dem Zech'schen Garten?

Erdbeeren vom Feld waren die der Beatles, allerdings bezog sich ihr Song auf den Namen eines Waisenhauses in Liverpool, in dem sich John Lennon als Kind oft aufhielt:

> Let me take you down
> Cause I'm going to strawberry fields
> Nothing is real
> And nothing to get hung about
> Strawberry fields forever...

Unweit der Stelle, an der John Lennon vor seinem Haus 1980 ermordet wurde, hat Yoko Ono im Central Park in New York eine kleine Gedenkstätte mit dem Namen »Strawberry fields forever« errichten lassen.

DER SANDDORNSTRAUCH

Hippophaë rhamnoides

HOCH STAND DER SANDDORN AM STRAND von Hiddensee, als Nina Hagen hier eintraf. Doch sie hatte den Farbfilm vergessen und konnte die leuchtend orangefarbenen Sanddornfrüchte später zuhause nur in Schwarzweiß betrachten.

Auf Hiddensee wie an anderen norddeutschen Küsten gibt es undurchdringliche Sanddornfelder. Auch an Flussufern in europäischen Gebirgen bis nach Ostasien wächst der Sanddorn. In China gibt es vier weitere Arten. Sie wachsen nur an sonnigen Standorten und nur dort, wo ihre Wurzeln das Grundwasser erreichen. Das kann in zwölf Meter Tiefe sein; das prädestiniert den Strauch für Dünen- und Hangbefestigung, was ihm Namen wie »Stranddorn« und »Hafduurn« in Mecklenburg einbrachte. In der Erde bildet sich eine Wurzelbrut, aus der Sprosse entstehen und große Sanddornflächen bilden können. An geeigneten Standorten wird der Strauch bis sechs Meter hoch. Es gibt Exemplare, welche Bäume ausbilden. Dornen finden wir an Zweigen und deren Enden. Im Berner Oberland wurde er »Wehdorn« und in Preußen »Stechdorn« genannt.

Wegen der länglichen, silbrig glänzenden Blätter werden sie schon mal mit einem Familienmitglied verwechselt, mit der Schmalblättrigen Ölweide, *Elaeagnus angustifolia*. Diese Pflanze ist in unseren Parkanlagen gepflanzt. Das »Öl« im Namen wurde der Pflanze verpasst, da ihre Früchte Oliven ähneln, was Farbe, Form und Größe betrifft. Diese Gattung gab der Pflanzenfamilie den Namen: Ölweidengewächse, *Elaeagnaceae*. Doch glauben Sie kein Wort, wenn jemand erzählt, dass Ölweiden Kreuzungen aus Olivenbaum und Weide seien.

Blühende Ölweiden verbreiten einen wunderbaren süßen Duft. Dieser Duft ihrer kleinen Blüten ist auch in Parfüms zu finden. Die olivenähnlichen Früchte duften aromatisch, sind essbar, unscheinbar gelblich gefärbt.

Die leuchtend orangegelb gefärbten Sanddornfrüchte sind viel zu sauer, als dass sie vom Strauch gleich in den Mund wandern; auch das Ernten vom dornenreichen Strauch ist nicht so einfach.

Was Farbe und Größe der Blüten betrifft, sind Sanddornbüsche ebenfalls zurückhaltend. An einem Busch finden wir entweder weibliche oder männliche Blüten. Solch getrennt – geschlechtlichen Pflanzen werden »diözisch« genannt, zweihäusig. Will man Sanddornfrüchte im Garten ernten, müssen Sträucher mit beiden Geschlechtern vorhanden sein.

Sanddornfrüchte werden als Beeren bezeichnet. Das ist – botanisch betrachtet – nicht richtig. Was sie so »beerig« aussehen lässt, ist dieses Mal der Blütenkelchröhre zu verdanken.

Diese wird im Alter fleischig, färbt sich orangefarben und umwächst becherförmig die Frucht, welche wegen ihrer harten Schale zu den Nüssen gezählt wird. Blütenkelchröhre und Frucht scheinen eine Frucht zu sein, weshalb wir sie nun »Scheinfrüchtchen« nennen dürfen.

Die Oberfläche des Scheinnüsschens weist eine große Anzahl von Drüsen auf; die sind mit ätherischem Öl gefüllt. Dieses Öl wird besonders in der Hautpflege geschätzt; es soll zur Heilung der Haut sogar bei Strahlenschäden schützen bzw. sie davor bewahren. Handcremes mit Sanddorn sind im Handel erhältlich.

Auch aus den winzigen braunschwarzen Nüsschen wird Öl gewonnen. Aus den aromatischen, vitaminreichen, sauren »Früchten« werden Marmelade und Säfte hergestellt, welche zur Rekonvaleszenz beitragen.

Diese wunderbare Pflanze mit den heilsamen und aromatischen Inhaltsstoffen und der schönen Farbe ist mit dem botanischen Gattungsnamen »Hippophaë« versehen, was mit Phantasie als »Leuchtendes Pferd« übersetzt werden kann. Wir tun es einfach. In »Die deutschen Volksnamen der Pflanzen« ist ja auch der Name »Pferdsdorn« zu finden (Pritzel & Jessen: 182). Vielleicht stammt »phaë« vom griechischen »phéōs« ab und verweist auf das Stachlige bzw. Dornige, meinen einige Botaniker.

DER MAULBEERBAUM

Morus alba
Morus nigra

WENN SIE EINEM MAULBEERBAUM BEGEGNEN, können Sie sicher sein: Der wurde hier ganz bewusst gepflanzt. Kein Maulbeerbaum steht irgendwo im Wald oder da, wohin erst einmal kein Mensch kommt. Er steht nur in oder nahe von menschlichen Siedlungen. Ein Lehrer oder ein Pfarrer wird ihn gepflanzt haben, in der Nähe einer Schule oder Kirche. Besonders im 18. und 19. Jahrhundert besserten Lehrer und Pfarrer ihr Einkommen durch den Verkauf von Seidenraupenkokons auf. Dazu benötigten sie Maulbeerbäume, und zwar solche, die weiße Maulbeeren hervorbringen.

Auch in Berlin-Moabit sind an einer Kirche zwei Maulbeerbäume mit Bedacht gepflanzt worden. Dazu hatte die Autorin die Initiative ergriffen. Der Grund ist ein historischer. Die erste Berliner Plantage von Maulbeerbäumen hatte es im Tiergarten gegeben. Wo sich heute Bellevuepark und Englischer Garten befinden, hatten Hugenotten zu Zeiten des Soldatenkönigs ihre Kenntnisse in der Seidenraupenzucht anbringen wollen. Gewohnt hatten die Hugenotten jenseits der Spree. Sie sahen über die Spree wie einst die Moabiter über den Jordan. Der Name des Bezirkteils war geboren: Moabit. Zwei Maulbeerbäumchen im Garten des Schlosses Bellevue erinnern an die damalige Plantage.

An vielen Standorten im ehemaligen Preußen stehen sehr alte Weiße Maulbeerbäume. Sie werden heute geschützt, sind sie doch so etwas wie Geschichtsdokumente. Nur die Blätter von *Morus alba* mögen die Seidenraupen, *Bombyx mori*. Blätter vom Schwarzen Maulbeerbaum, Morus nigra, kommen für die gefräßigen Raupen nicht infrage.

Frische Blätter von *Morus alba* müssen bereit liegen, wenn die Raupen

Vom Ei der Raupe zur Puppe zum Kokon und Schmetterling

aus den Eiern schlüpfen. Nun können sie sich groß und dick fressen, verpuppen sich dann und bilden den begehrten Kokon: in dem verharren sie als Puppe, bis ihr der Garaus gemacht wird und der kilometerlange Seidenfaden abgerollt werden kann.

Für den Hof der preußischen Könige wurde viel Seide benötigt: für

Tapeten, Vorhänge, Wandteppiche, Kleider, Täschchen und anderes. Da insbesondere Friedrich der Große auf den Import aus dem Ausland nicht angewiesen sein wollte, wurden überall Maulbeerbäume angepflanzt. Da die Seide auch für Fallschirme geeignet war, wurden noch im 20. Jahrhundert insbesondere Maulbeerbaumhecken gepflanzt.

Wenn der Maulbeerbaum blüht, wird dies nur von aufmerksamen Betrachtern wahrgenommen. Die Blütchen sind sehr klein und nur unscheinbar gefärbt. Vielleicht sind die herausragenden Staubblätter mit den gelben Staubbeuteln bei den männlichen grünlichen Blütchen noch das Auffallendste. Auf einem Baum können männliche und weibliche

vorkommen, aber immer getrennt. Oder jeder Baum hat sein eigenes Geschlecht. Aus den vielen zusammenstehenden weiblichen Blütchen entwickeln sich die Früchte. Reife Maulbeeren sind so gut wie nicht lagerbar. Deshalb findet man frische Maulbeeren nicht im Handel, nur getrocknete. Die Maulbeerbäume gehören zur Familie der Maulbeerbaumgewächse, *Moraceae*, zu denen auch die Feige gehört.

Nach dem späten Laubaustrieb finden wir Blätter, von denen keines einem anderen gleicht. Sie sind ein- oder mehrfach gebuchtet. An anderen Stellen finden wir Blätter völlig ohne Einbuchtungen.

Eine Maulbeere ist keine Frucht, sondern ein Fruchtstand. Wir können solch einen Fruchtstand bei der Ananas und bei der Feige beobachten. Bei der Maulbeere haben wir es mit einer großen Anzahl von Früchtchen zu tun, die zusammen eine einzige Frucht vortäuschen. Oft werden Maulbeeren mit einer Brombeere verglichen. So sehen sie auf den ersten Blick auch aus. Auf den zweiten Blick aber nicht mehr. Brombeere und Maulbeere unterscheiden sich gewaltig. Übereinstimmend ist lediglich die dunkle Farbe. Das ist aber auch alles. Eine Brombeere entsteht aus einer Blüte mit vielen Fruchtblättern. Jedes Fruchtblatt bringt ein Früchtchen hervor, das nun mit seinen Geschwistern vereinigt zusammen steht.

Blütenstand: zahlreiche weibliche Blüten, aus denen zwei Narben herausragen

Fruchtstand: Nüsschen, welche von saftigen Blütenhüllblättern umwachsen sind.

Tausendjähriger Maulbeerbaum im Park der Benediktinerabtei Brauweiler

Auf dem Hof einer ehemaligen Benediktinerabtei zu Brauweiler steht ein Maulbeerbaum. Sein Stamm ist vom Alter gebrochen und niedergestreckt, aber die Zweige tragen jedes Jahr reichlich Blätter, Blüten und Früchte. Der Sage nach stammt der Baum aus der Zeit vor der Gründung des Klosters, müsste also mehr als tausend Jahre alt sein. Ezzo, der Pfalzgraf vom Rhein, besaß in Brauweiler ein Jagdschloss, das er bei seiner Vermählung mit Mathilde, der Schwester Kaiser Ottos III., dieser schenkte. Als Ezzo seiner Mathilde einen Maulbeerzweig überreichte, pflanzte die junge Frau den Zweig in den Garten. Zu ihrem Gemahl sagte sie: »Wird der Zweig anwachsen und gedeihen, so wollen wir das als ein Zeichen unseres Eheglückes ansehen und, wenn es sich erfüllt, hier ein Kloster gründen.« Der Pfalzgraf stimmte zu. Der Maulbeerbaum gedieh vortrefflich, und die Ehe war sehr glücklich.

Eines Tages, als Mathilde unter dem Maulbeerbaume einschlief, erträumte sie die Stelle, wo das Kloster stehen sollte. Da machte sich das Paar auf, um beim Papst Johann XIX. die Erlaubnis zur Gründung des Klosters einzuholen. Im Jahre 1024 war dieses fertig und wurde von Benediktinermönchen bezogen. Der Baum steht bzw. liegt noch immer als Zeuge frommen Glaubens alter Zeiten. (nach Nießen 2. Bd.: 228f)

Leonhart Fuchs: Das Kräuterbuch von 1543

Bernhard Rode, Die Kaiserin beim Pflücken der ersten Maulbeerblätter, 1773

Dieses Volksmärchen stammt aus China, der Heimat des Maulbeerbaumes: »Die Chinesische Göttin des Maulbeerbaumes und Seidenraupe heißt Ts'an Nü: Einst lebte ein Mädchen dieses Namens im heutigen Suchùan, Ihr Vater war von einer Räuberbande entführt worden. Der Kummer darüber verzehrte sie so, dass sie Speis und Trank verweigerte. Nach einem Jahr gab es noch immer keine Nachricht vom Verschollenen. Da versprach Ts'an Nüs Mutter in ihrer Verzweiflung, die Tochter demjenigen zur Frau zu geben, der ihr den Gatten wohlbehalten heimbrächte.

Als das Pferd davon hörte, stampfte es mit den Hufen, riss sich los, galoppierte davon und brachte wenige Tage später den Vermissten zurück. Die Freude war groß. Nur das Pferd verweigerte jede Nahrung und wieherte unaufhörlich. Endlich berichtete die Mutter ihrem Gatten vom Versprechen, die Tochter seinem Retter zu geben. Ein solcher Eid gilt nur unter Menschen, sagte der Mann. Aber das Pferd gebärdete sich so wild gegen Ts'an Nü, dass ihr Vater es eines Tages in einer Aufwallung von Zorn tötete und ihm die Haut abzog. Als Ts'an Nü an der Stelle vorbeiging, wo die Haut zum Trocknen ausgelegt war, fühlte sie, wie sich diese um sie legte, und sich mit ihr in die Lüfte erhob. Zehn Tage später wurde die Haut zu Füßen eines Maulbeerbaumes gefunden. Ts'an Nü hatte sich in eine Seidenraupe verwandelt, aß Maulbeerblätter und spann sich ein seidenes Gewand.« In den Tempeln wurde Ts'an Nü mit einer Pferdehaut bedeckt dargestellt und hieß Ma-t'on Niang oder die Dame mit dem Pferdekopf. (Mercante: 204f)

Steinfrüchtiges auf dem Gemälde »Vertumnus« von Arcimboldo.
Kirschenlippen, Pflaumen und Zwetschgen im Haar,
Brombeere und Sauerkirsche als Pupillen

Von Steinfrüchten und Sammelsteinfrüchtchen

Die Familie der Rosengewächse, *Rosaceae*, hat zahlreiche leckere Früchte hervorgebracht. Besonders die Gattung *Prunus* ist damit gesegnet; wir finden hier nicht nur Pfirsich, Pflaume, Kirsche und Aprikose; auch die Mandel hat in dieser Gattung ihren Platz und ist wie die anderen eine Steinfrucht, keine Nuss. Man kann von Steinfrüchten der Gattung *Prunus* sagen, sie seien die Früchte mit der Furche.

Auch bestimmte »Beeren« sind botanisch betrachtet Steinfrüchte (Brombeeren, Himbeeren); sogar eine »Nuss« ist als Steinfrucht enttarnt (Walnuss).

Alle Prunusarten haben nur ein einziges Fruchtblatt. Stellen wir uns vor, das Blatt würde mit den Rändern zusammengefügt und verwächst hier, haben wir den Ursprung der Furche. Deutlich sichtbar ist diese bei Pfirsich, Aprikose, Mandel und Pflaume, weniger deutlich bei Kirsche und Schlehe.

Das alleinige Fruchtblatt bei den Prunusarten wollte nicht hart wie bei der Nuss sein oder weich wie bei der Beere, sondern sowohl als auch. Außen hat das Fruchtblatt eine dünne, aber elastische Außenhaut (Exocarp) ausgebildet, nach innen ist es mehr oder weniger weich wie Fleisch, daher Fruchtfleisch genannt (Mesokarp); um den Samen herum präsentiert sich dieser Fruchtblattteil als Stein, als Endocarp. Der Stein samt Samen wird meist nicht mitgegessen. Bei der Mandel ist dies anders, wie auch bei der Walnuss aus der Familie der Walnussgewächse, *Juglandaceae*.

Pfirsichblüte längs durchgeschnitten mit einem einzigen Fruchtknoten

Pfirsichstein mit Verwachsungsnaht, links

Bei der Krachmandel knacken wir den Stein (Endokarp), um an den leckeren Samen zu gelangen. Meist kaufen wir nur Mandelsamen in brauner Samenschale. Von Exo- und Mesokarp bekommen wir nur am Mandelbäumchen etwas zu sehen.

Mandel, Prunus dulcis, aufgeplatztes Exo- und Mesokarp mit Sicht auf den Stein, Endokarp

Bei den Früchten der Prunusarten haben die meisten Obstliebhaber nicht das Problem, diese als Steinfrüchte zu erkennen. Bei Brombeere und Himbeere ist dies nicht so einfach.

Diese Sträucher produzieren Sammelsteinfrüchtchen. Die vielen Früchtchen entstehen aus zahlreichen Fruchtblättern, welche in einer Blüte stehen, und täuschen eine einzige Frucht vor. Und da diese mehr oder weniger saftig beschaffen ist, werden sie im Volksmund »Beeren« genannt. Wenn da nicht die »Kernchen« wären! Die sind Steinchen, welche den noch winzigeren Samen beinhalten. Bei Stachel- und Johannisbeere haben wir zwar auch so kleine »Kernchen«, aber das sind Samen.

Die Walnuss hier in diesem Kapitel zu finden, wird den einen Leser oder die andere Leserin überraschen. Der Walnussbaum produziert keine Nüsse, sondern Steinfrüchte. Ein wenig ist dies dem Erscheinungsbild zu verdanken, mit welchem die Walnüsse, von Fruchtfleisch (Exokarp und Mesokarp) entblößt, nur mit dem Endokarp oder als Samen im Handel zu erwerben sind.

DER SÜSSKIRSCHENBAUM

Prunus avium

DIE VOGELKIRSCHE, *Prunus avium* subspec. *avium*, ist im Park immer die erste, welche blüht. Die Wilde Vogelkirsche bildet Wälder; ihre Früchte sind Leckerbissen für die Vögel, daher das Epitheton im botanischen Namen »avium«. Aber Vögel mögen die Kirschen auch kultiviert, weshalb wir diese Gourmets durch einfallsreiche Vertreibungsmechanismen von den Kirschbäumen bei Reife fernhalten müssen.

Aus der Wildform wurden zahlreiche Unterarten und Varietäten gezüchtet, wie die Knorpel-Kirschen, *Prunus avium* subsp. *duracina* und

Herz-Kirschen, *Prunus avium* subsp. *juliana*.
Knorpelkirschen zeichnen sich durch festes Fleisch aus. Herzkirschen sind weich und zart. Beide Unterarten werden frisch gegessen. Gekocht oder konserviert werden nur die Sauerkirschen, *Prunus cerasus* (s. S. 71). Aber beide Arten haben den sogenannten »cherry factor«, ein Abkömmling der Cumarinsäure.

Herz-Kirschen
Prunus avium subsp. *juliana*

Tizian, Kirschen-Madonna, 1516-15

Dass Kirschen seit Jahrhunderten beliebt sind, belegen Gemälde. Im Naturhistorischen Museum in Wien hängt die »Kirschenmadonna«, gemalt von Tizian (ca. 1477-1576).

Tiziano Vecellio war nicht der einzige, der Kirschen, Maria und das Kind malten. Schon um 1410 entstand das Gemälde »Madonna mit den Engeln«, auf der nur eine einzige Kirsche zu sehen ist, die von einem Engel dem Jesuskind gereicht wird (Gemäldegalerie Berlin).

Französisch, Madonna mit Engeln, um 1410

Osias Beert, Stillleben mit Kirschen und Erdbeeren, 1608

Neben Kirschen wurden Erdbeeren damals als Früchte aus dem Paradies angesehen. Es waren kultivierte Kirschen, welche den Alten Meistern Modell standen. Schon in der Römerzeit erfreuten sich unsere Vorfahren an diesen großen Kirschen. Deutlich größere Steinkerne, als es die von wilden Vogelkirschen hätten sein können, wurden in Römersiedlungen in Großbritannien gefunden.

Wie wurden Kirschen durch die Jahrhunderte hindurch besungen! Der Jurist und Philosoph Barthold Heinrich Brockes (1680-1747) hatte seine Kirschblütenbetrachtung in die Nacht verlegt (»Kirschblüte bei der Nacht«). Er sah

... Jüngst einen Kirschbaum, welcher blühte,
In kühler Nacht beim Mondenschein;
Ich glaubt, es könne nichts von größrer Weiße sein.
Ein jeder, auch der kleinste Ast
Trug gleichsam eine rechte Last
Von zierlich weißen runden Ballen.
Es ist kein Schwan so weiss, da nämlich jedes Blatt,
Indem daselbst des Mondes sanftes Licht
Selbst durch die zarten Blätter bricht,
Sogar den Schatten weiß und sonder Schwärze hat...

Es war Nacht, als Bertolt Brecht aus seinem Garten ein Liedchen pfeifen hörte. Er erspähte in der Dunkelheit den »Kirschdieb«, der saß im Kirschbaum und packte sich die Taschen voll. Nahe der ersten Wohnung, welche Brecht nach seiner Rückkehr aus dem Exil in Berlin bewohnte, ist das Gedicht samt Malerei an einer Hauswand in Berlin-Weißensee zu sehen.

Johann Peter Hebel (1760-1826) war voll des Lobes über den reichen Gastgeber Kirschbaum. Das ganze Jahr über hatte er Gäste. Im Frühling, wenn die Blätter grün und frisch, war »dem Würmlein« der Tisch gedeckt. Später steckten die Bienen ihre »Zünglein« in die Blütenkelche und lobten: »Wie schmeckt's so süß!«. Doch nicht nur die Insekten fanden eine reich gefüllte Speisekammer vor. Es war das Spätzlein, welches im Rheinland über die Mössekiers (Spatzenkirschen) sagte:

Ist's so gemeint,
Da nimmt man Platz und fragt nicht lang'.
Das gibt mir Kraft in Mark und Bein
und stärkt die Kehle zum Gesang.

Von rosa und weißen Worten spricht Hilde Domin in ihrem Gedicht »Linguistik«. Wir sollen uns dem Obstbaum anvertrauen und »eine neue Sprache« erfinden, »die Kirschblütensprache« mit »Apfelblütenworte(n)«. Das sind Worte so schön wie Blüten!

Der Sauerkirschenbaum

Prunus cerasus

SOLCH EIN KIRSCHBAUM STAND IN UNSEREM Garten. Wenn er im

April sein weißes Blütenkleid angelegt hatte, sah der gesamte Garten feierlich aus. Geschmeckt haben die Früchte erst, wenn sie mit Zuckerguss bedeckt auf dem Kuchen ruhten. Mir gefällt der Name »Schattenmorelle« so gut, Morelle im Schatten! In unserem Garten stand er in der prallen Sonne. Ansonsten wächst er lieber im Halbschatten. Daher kann etwas mit dem Namen nicht stimmen. So ganz sicher ist sich niemand, woher er stammt. Wahrscheinlich ist es, dass nicht der Schatten zur Morelle gelangte, sondern die französische Morelle von Chatel Morel gemeint ist. Eine Kirsche mit geheimnisvollem schönen Namen!

Geheimnisvoll ist auch, wie und wo genau die Sauerkirsche entstand. Man vermutet einen sogenannten polyphyletischen Ursprung, also aus Kreuzungen mit mehr als zwei Sippen entstanden. Botanisch ist der Name *Prunus ceraus* subspec. *acida.*

Der Weichselkirschbaum

Prunus mahaleb

WUNDERSCHÖN IST DER BREIT VERZWEIGTE Strauch oder das Bäumchen, wenn seine langen, überhängenden
Zweige im April und Mai mit kleinen, weißen Blütchen überhäuft sind. Als Ziergehölz
ist die Weichselkirsche in Gärten oder Parks
anzutreffen.

Die kleinen schwarzen Früchte sind bitter,
ungenießbar, doch besitzen sie so wohlrie-
chende Samen, dass sie »Parfümierkirsche«
hieß. Sie wurden bei der Herstellung von Sei-
fenkugeln verwandt.

Stöcke und Pfeifen wurden aus dem Holz hergestellt, welches ebenfalls
duftet. Den Namen »Luzienholz« erhielt die Weichselkirsche nach
dem Minoritenkloster St. Lucie. Hier in den Vogesen hatte der Baum zu
Beginn des 18. Jahrhunderts seine bedeutendsten Anbaugebiete. Er war
als Veredelungsunterlage in ganz Europa begehrt.

Die Kirsche liebt sonnige Wälder und felsige Hänge, weshalb sie auch
»Felsenkirsche« und »Steinkirsche« genannt wird (Hegi: 472). Ihre
Heimat wird im westlichen Europa vermutet.

Japanischer Zierkirschenbaum

Prunus serrulata, P. subhirtella

An den Japanischen Zierkirschen kommt heutzutage niemand mehr vorbei. Überall blühen sie in den ersten Apriltagen. In ein wunderschönes Rosa gehüllt, schmücken sie Parks, Straßen und Wege. Steht man unter den Zweigen und schaut in die Baumkrone – möglichst bei sonnigem Wetter –, gibt es keinen schöneren Farbkontrast zum blauen Himmel.

Die Blühzeit dauert nur wenige Tage. Und das ist es, was diese Blüte so besonders macht. Der Rausch des Lebens ist nur in einer kurzen Zeit zu erleben. Das ist das Sinnbild des japanischen Brauches, das Blütensehen, Hanami.

Früchte dürfen nicht erwartet werden, da sie wie die meisten Ziergehölze der Geschlechtsorgane bei der Züchtung in Blütenblätter beraubt wurde.

DER APRIKOSENBAUM

Prunus armeniaca

DIE APRIKOSEN HABEN DEN VORTEIL, dass sie eine wunderschöne Farbe und einen charakteristischen Geschmack haben. Beides wird nicht nur beim Trinken von Apricot Brandy Likör deutlich, auch getrocknete Aprikosen vermitteln im strengsten Winter den Duft des Sommers. Ob Aprikosen heute noch als Aphrodisiakum eingesetzt werden? Das wurden sie zu Shakespeares Zeiten. Shakespeare lässt im »Sommertraum« Titania sagen:

Be kind and courteous to this gentleman…
Feed him with apricoks and dewberries,
With purple grapes, green figs, and mulberries.
The honey bags steal from the humble-bees…

Seid freundlich und höflich zu diesem Herrn…
[gemeint ist Nick Bottom, R.G.]
Füttert ihn mit Aprikosen und Brombeeren,
mit Weintrauben, grünen Feigen und Maulbeeren.
Und stehlt der Biene die Honigtaschen…

Das Epitheton *armeniaca* lässt vermuten, dass die Pflanze aus Armenien stammt. Das tut sie aber nicht. Da in China die Aprikosenkultur bereits im 3. Jahrtausend v. Chr. entwickelt worden war, vermutet man hier ihre Heimat. Kultiviert gelangte sie bereits im 1. Jahrhundert n. Chr. bis Italien. Heute gibt es große Marillenkulturen in Österreich und in der Schweiz. In Deutschland wird sie nur in klimatisch günstigen Gebieten kultiviert.

Vom Schriftsteller Bertolt Brecht wissen wir, dass er anhand eines Blattes einen fruchtlosen Pflaumenbaum (s. S. 79) erkennen konnte. Daher wollen wir ihm auch glauben, dass in Dänemark Aprikosenbäumchen wuchsen. Von solch einem schrieb er in seinem Gedicht »Frühling 1938 (I-III)«. Dänemark war einer seiner Exilorte nach der Flucht aus Deutschland. Hier verbrachte er im Jahre 1938 die Ostertage. Es war sehr kalt, es schneite. Da wurde er von seinem Sohn »zu einem Aprikosenbäumchen an der Hausmauer« geholt. Vater und Sohn deckten das frierende Bäumchen mit einem Sack zu.

Aus Theodor Fontanes »Wanderungen durch die Mark Brandenburg« wissen wir, dass es schon im 19. Jahrhundert Aprikosenanbau in Werder an der Havel gab. Den gibt es noch heute.

Alte Namen verweisen auf den Anbau im Norden Deutschlands. In der Hamburger Gegend wurden sie »Appelkoos« genannt und »Aperkus« am Niederrhein. Zahlreiche Namen, die wohl vom italienischen »armellino« abstammen, gruppieren sich um die Marille. Daraus entwickelten sich Namen wie Amarillali, Mareiali, Barilleli, u.a. Der Likör Amaretto verdankt seinen leicht bitteren Geschmack nicht den Früchten, sondern den Aprikosensamen, fälschlicherweise als Aprikosen»kern« bezeichnet. Die Samen enthalten bis zu vierzig Prozent Öl und wie die Bittermandel, *mandorla amara*, das Amygdalin. Aus diesem entsteht die giftige Blausäure, welche sich leicht verflüchtigt und dann nicht mehr giftig ist.

Bei der Farbgestaltung der Früchte gesellte sich zu den Carotinoiden das seltene γ-Carotin. So wurden die Aprikosen auch Goldpfirschken oder Sommerpürschken genannt.

Zwar wird das Gemälde des französischen Malers Claude Monet »Pfirsichglas« genannt. Nach Beurteilung von Farbe und Größe handelt es sich meines Erachtens um Goldpfirschken, welche mit Zimtstange und Gewürznelken vielleicht in Aprikosenwasser (eau de noyaux) eingelegt sind.

Johann Wolfgang von Goethe war Gourmet, auch was Obst und Gemüse aus dem eigenen Garten betraf. Aprikosen gehörten dazu; fünf
hochstämmige Bäumchen wurden im März 1823 in den Garten am
Frauenplan gepflanzt (Ahrendt & Aepfler: 48). Nach Goethes Memoran-
dum von März 1832 (am 22.3. starb er) gab es eine Aprikosenwand am
Haus, die nach seinen Anweisungen gepflegt werden sollte.

Unter einem besonderen Aprikosenbaum, nämlich einem »Silber-
aprikosenbaum«, hatten sich Goethe und Marianne Willemer im September 1815 im Heidelberger Schlossgarten getroffen. Essen konnten
sie die Früchte nicht, zumal es sich um *Ginkgo biloba* handelte, welcher
keine Früchte, sondern als Nacktsamer sich mit Samen ohne Fruchtschale, aber weicher Samenschale zufrieden geben muss. Silberapriko-
se, gin-kyo, wird der Ginkgobaum in Japan genannt.

DER PFIRSICHBAUM

Prunus persica

WENN ICH AN EINEN PFIRSICHBAUM DENKE, sehe ich ihn als ein Bäumchen, klein und fast gebrechlich wie ein junger Strauch. Hinter der Bank stand er in unserem Garten, nicht weit entfernt von den Heckenrosen. Er war immer der erste, der im Frühling blühte. Mit seinen rosa Blüten ging er allen anderen Bäumen voran, auch unseren Kirsch- und Apfelbäumen. Sogar seine Blätter kamen später!

Wenn es ans Früchtemachen ging, konnte das Bäumchen immer nur sehr kleine produzieren. Ich pflückte auch schon mal eine unreife ab, was nicht so gut war. Den reifen Früchten musste geschält werden; die Schale war dick und fest, also von einer zarten »Pfirsichhaut« weit entfernt. Auch war die samtige Oberfläche durch den Kohlenstaub des benachbarten Bergwerks schwarz geworden, so dass die Farbe der Fruchtoberfläche nur geahnt werden konnte.

Aber die Frucht! Innen war sie ganz weiß mit leuchtend roten, äußerst zarten Versorgungsbahnen. Ich habe eine solche Frucht später nur selten wieder kosten dürfen. Heute sind die marktüblichen Pfirsiche groß und gelb, auch innen. Der Stein wird immer kleiner. Aber der Geschmack!? Der ist nicht mit dem eines »richtigen« Pfirsichs zu vergleichen. Die Pfirsiche dürfen ja nicht am Baum ausreifen, sie werden unreif geerntet, um den Transport aus Italien oder Spanien zu überstehen.

Klein, aber fein wie unser Baum war auch der Pfirsichbaum, den Vincent van Gogh in Arles malte. Es war der 31. März 1888, als er seinem Bruder Wilhelm schrieb: »Ich hatte im Freien, in einem Obstgarten, ein Bild ... gemacht, umgegrabener lila Boden, ein Schilfzaun, zwei rosa Pfirsichbäume gegen einen leuchtend blau-und-weißen Himmel.« (Vincent van Gogh, Bd. 2: 134).

Pfirsichbäume können auch als Spalierobst »erzogen« werden, wie es der kleine Johann Wolfgang Goethe im Frankfurter Garten seines Großvaters Textor gesehen hatte. Auch ging es ihm und seiner Schwester wie uns: Es war verboten, die Pfirsiche zu pflücken. Goethe berichtet davon in »Dichtung und Wahrheit«: »Die lange, gegen Mittag gerichtete Mauer war zu wohl gezogenen Spalier-Pfirsichbäumen genützt, von denen uns die verbotenen Früchte den Sommer über gar appetitlich entgegenreiften. Doch vermieden wir lieber diese Seite, weil wir unsere Genäschigkeit hier nicht befriedigen durften...«
Er beobachtete, wie der Großvater »sorgfältig die Zweige der Pfirsichbäume fächerartig an die Spaliere (band), um ein reichliches und bequemes Wachstum der Früchte zu befördern.« Im Mai 1818 machte es Johann Wolfgang von Goethe (nun geadelt) dem Großvater gleich und setzte sechs Pfirsichbäume an die neu gesetzte Mauer im Garten seines Hauses am Frauenplan in Weimar.

Im botanischen Namen wie auch in volkstümlichen Namen überwiegt das Persische, wie Perschemboom, Pfirsche, Piescheboom. Warum er jedoch »Hundsfott« geheißen wurde, bleibt spekulativ. Des Pfirsichs Heimat ist China, er kam über Persien zu uns nach Europa. Wahrscheinlich war er in Persien ähnlich geliebt und angebaut worden wie in seiner Heimat.
Aus der islamischen Welt zum Schluss noch ein ungewöhnliches Gedicht von As-Siradsch al-Muhar:

Pfirsichblüte
Eine der Blüten strahlt in Schönheit,
Und sie schimmert rötlich und weiß.
So, als blickten auf uns ihre Augen, Augen, von Rausch noch gerötet
    und heiß.
(Schimmel: 83)

Der Pflaumenbaum

Prunus domestica

WENN DER PFLAUMENKUCHEN AUF DEM Tisch steht, sind auch die ersten Wespen da. Beide gehören zusammen. Doch wie lange schon? Wespen entwickelten sich vor Millionen Jahren, als von der Pflaume noch nirgendwo die Rede war. Deren Entstehung lässt bis heute viele Fragen offen. Vielleicht ist sie vor viertausend Jahren entstanden, vielleicht tat sie dies ohne des Menschen Zutun durch Hybridisierung. Vielleicht waren zwei Prunusarten beteiligt: die Schlehe, *Prunus spinosa*, und die Kirschpflaume, *Prunus cerasifera*. Aus der blauschwarzen Schlehenfrucht und der roten, fade schmeckenden Kirschpflaume hat sich eventuell die dunkelblaue, gut schmeckende Pflaume entwickelt.

Einig ist man sich, dass es nirgendwo Wildpflaumen gibt. Daher lässt sich das Entstehungszentrum nur vermuten. Vielleicht war dies in Westasien.

Pflaumen sind nicht immer pflaumenblau; es gibt auch Pflaumen in verschiedenen Gelbtönen, wie es bei der Mirabelle der Fall ist, *Prunus domestica* subsp. *syriaca*, oder der Reineclaude, *Prunus domestica* subsp. *italica* (subsp. bedeutet subspecies, Unterart).

Die Reineclaude soll nach der französischen Prune de la Reine Claude (Königin Claudia 1499-1524 Hegi: 507) benannt sein. Andere Pflaumen haben ihre volkstümlichen Namen nach ihrer Reifezeit, wie Hafer-

pflaume, *Prunus domestica* subsp. *insititis*. Ganz gleich, um welche Pflaumen es sich handelt, sie werden roh gegessen, zu Marmelade und Saft verarbeitet oder auch zu Alkoholika, wie Slibowitz oder Mirabellenbrand.

Alois Lunzer, Pflaumen, 1909

In Odyssee und Bibel sucht man nach Pflaumen vergeblich. Den Römern war der Pflaumenbaum bekannt; er wurde auf den Eroberungszügen mitgenommen. Der Schriftsteller Karl Krolow weiß, wer die Pflaume ein Jahrhundert vor der Zeitenwende nach Rom gebracht haben soll. »Von Cato maior nach Rom gebracht … Laute aus einem Glockenspiel – Mirabelle, Reineclaude… Kandiertes Blau. Glasiertes Gelb. Im Mittelalter allgemein Myrobalanen genannt… Mädchenatem – Geschmack von Prünelle«. (Krolow: 62f) Doch wo genau die Pflaume entstand, ist auch von Krolow nicht zu erfahren.

Heute gibt es im Süden Deutschlands Pflaumenbaum-Plantagen. Die Bäume mögen es warm bis heiß. Wenn ein Pflaumenbäumchen im Häuserhof steht und zu wenig Sonne bekommt, kann auch Bertolt Brecht keine Pflaume an ihm entdecken. Doch der Pflanzenkenner weiß, dass es ein Pflaumenbaum ist: »… man kennt es an dem Blatt« (Der Pflaumenbaum).

Dieser Baum lieferte den Hausbewohnern keinen Kuchenbelag. Dazu hätte er ein Zwetschgenbaum sein müssen, *Prunus domestica* subsp. *domestica*. Grundsätzlich fällt es schwer, die Unterscheidung zwischen Pflaume und Zwetschge zu treffen. Nicht jede Pflaume ist eine Zwetschge, aber jede Zwetschge ist eine Pflaume.

Woran werden Zwetschgen erkannt? Vielleicht an der eher länglichen Fruchtform; vielleicht weist die bessere Lösbarkeit vom »Stein« darauf hin. Aber die Süße! Die überzeugte Johann Prokop Mayer (1737-1804), Lust- und Blumengärtner im Hofgarten der Würzburger Residenz, als

er über die Zwetschge in »Pomona Franconia«, 1776, schrieb: »Das Fleisch ist gold-
gelb, fest, süß, von reizendem Geschmack,
und löset sich vom Stein ab.«

Johann P. Mayer, »Pomona Franconia«, 1776

Wovon die Wespe auf dem anfangs erwähnten Kuchen nascht, sind also
Zwetschgen. Diese verlaufen nicht beim Backen, wie dies »normale«
Pflaumen tun, und sind von »veilchenfarbener Süße«, wie uns Pablo
Neruda den Mund wässrig macht. (Pablo Neruda, Ode und frisches Keimen: 103).

DER MANDELBAUM

Prunus dulcis

AN EINEM BLÜHENDEN MANDELBÄUMCHEN erkennen wir den herannahenden Frühling. Die rosafarbenen Blütenblätter sind so zart in ihrer Beschaffenheit! Sie werden von gerade ergrünenden
Blättchen begleitet.

Da er einer der ersten ist, welcher sich im Frühling hervorwagt, wurde der Mandelbaum vom un-
garischen Gelehrten Immanuel Löw (1854-1944) als
»saqed«, der »wackere« bezeichnet (s.a. Hepper: 120). Auch im Märchen
vom weisen Ahikar, dessen Schriften aus dem 5. Jahrhundert v. Chr.
stammen, ist vom zeitigen Blühen des Mandelbaums die Rede: »Mein
Sohn, sei nicht voreilig, wie der Mandelbaum, der am frühesten blüht,
aber am spätesten essbare Früchte trägt, sondern halte Maß und sei ver-
ständig, wie der Maulbeerbaum, der zuletzt blüht, aber zuerst essbare
Früchte liefert.«

Im Februar 1888 war Vincent van Gogh im
südfranzösischen Arles eingetroffen. Anfang
März entdeckte er blühende Mandelbäume.
Die malte er und berichtete seinem Bruder
Theo: »... hier friert es Stein und Bein, und
auf dem Lande haben sie noch Schnee; ich habe eine Studie mit verschneiten Feldern und
der Stadt im Hintergrund. Dann zwei kleine
Studien vom Zweig eines Mandelbaums – die
blühen trotzdem schon.« (Brief Nr 466)

Auch Johann Wolfgang von Goethe erfreute sich an rötlich werdenden Mandelknospen, wie er am 23. April 1829 an Ernst Heinrich Friedrich Meyer schrieb: »Dies alles ereignet sich vor meinem Fenster, wo
denn auch die Knospen der Zwergmandel sich zu röten anfangen…«

Die Blütezeit dauert einen Monat; Unmengen von Blüten gehen auf,
werden bestäubt und befruchtet. Unsere Bienen freuen sich in dieser
Zeit besonders, können sie doch mit prall gefüllten, gelben Pollenhöschen den reich gedeckten Tisch verlassen.

Zum Reifen benötigen die Steinfrüchte bis zu
zehn Wochen. Dann ist der Embryo aus-
gereift, Exokarp (äußere Hülle) und Mesokarp (Fruchtfleisch) platzen auf, die
Krachmandel (Endokarp) wird sichtbar.

Öffnen wir diese, finden wir zwei Keimblätter.
Die liegen so eng beieinander, wie es zwei Her-
zen tun. Das schrieb die Dichterin Else Lasker-
Schüler in ihrem Gedicht »Es kommt der Abend«:

… Es ruhen unsere Herzen liebverwandt,
Gepaart in einer Schale:
Weiße Mandelkerne –

Früher lautete der wissenschaftliche Name *Prunus amygdalus* oder
Amygdalus communis. »Amygdalus« verschwand aus dem Namen.
Aber wir alle tragen »Amygdala« in uns, im Limbischen System un-
seres Gehirns. Die paarig angelegten Strukturen werden wegen ihrer
Form so genannt oder auch »Mandelkerne«.

Die Mandeln in unserem Rachenraum können Schmerzen verursa-
chen und müssen dann herausoperoiert werden.

Poetisch wird es, wenn wir Texte über mandelförmige Augen lesen.

Wenn die Mandelfrucht noch grün und unreif am Baum hängt, ist sie von einer pelzigen Außenhaut (Exokarp) bedeckt. Im Handel ist sie in diesem Zustand kaum erhältlich. Leider! Könnte sie doch so einen besonderen Frühlingsgeschmack vermitteln. Manchmal gibt es grüne Mandeln bei einem orientalischen Obsthändler zu kaufen. Wir streuen etwas Salz auf die Mandel und beißen zu. Es ist unglaublich! Wir können die gesamte Frucht durchbeißen, mit dem später knochenhart werdenden Stein!

Die Mandel ist in mancherlei Hinsicht etwas Besonderes in unserer Prunusobstschale. Wir essen den Samen, nicht den mittleren Teil der Fruchtschale, wie zum Beispiel bei der Kirsche. Es wird unter Botanikern diskutiert, ob die Mandel nicht das am frühesten kultivierte Obstgehölz sei. Als Heimat wird Turkmenistan vermutet. Römer verspeisten bereits kultivierte Mandeln, von Cato als »nux graeca« bezeichnet (Hegi: 490). In Deutschland war sie mit Sicherheit bereits um 812 bekannt; als »amandalarios« war sie an 83. Stelle im Capitulare de villis, der Landgüterverordnung von Karl dem Großen, aufgeführt.

Zwei ihrer Inhaltsstoffe sind hervor zu heben: Amygdalin, ein cyanogenes Glykosid, nach dessen Spaltung Blausäure entsteht, und Prunasin, ebenfalls eine cyanogene Verbindung. In der Bittermandel, *Prunus dulcis* var. *amara*, ist das Amygdalin bis zu acht Prozent enthalten (Frohne & Jensen: 152f). Prunasin kommt in Blättern und Zweigen vor. Die süße Mandel, *Prunus dulcis* var. *dulcis*, ist amygdalinarm.

Die Mandel wird schon seit langer Zeit als nahrhafter Leckerbissen roh und geröstet verzehrt. Aufgrund des hohen Fettgehalts galt sie zusammen mit Mehl in Frankreich als Krankenspeise. In Spanien wurde sie in Honig eingelegt. In der Konditorei und Küche sind heute ganze, gehobelte oder zerriebene Mandel unverzichtbar. Über kostbares Mandelöl berichtete schon Plinius vor zweitausend Jahren. Es wird aus den bis zu fünfzig Prozent Fett enthaltenen Samen gewonnen. Mit dem teuren Öl werden Parfums und Salben gebunden. Im Mittelalter wurde Geflügel in Mandelmilch gekocht. Zur Steigerung des feurigen Augenausdrucks trug zu Ruß gebrannte Mandelschale als Augenschminke bei. Und heute ist Weihnachten ohne Mandelstollen nicht denkbar. Mit Bittermandelöl bekommt besonders Gebäck einen charakteristischen Geschmack.

Der Brombeerstrauch

Rubus fruticosus

»En schwarte Bromel« so wurde früher ein schwarzhaariges und schwarzäugiges Mädchen genannt. Wollte man etwas in Vergessenheit geraten lassen, hieß es: »Do wäst en Bromel drüwer«. In folgender Schnellsprechübung aus dem Rheinland geht es um das Blatt vom Bromele: »Et git ke breder Blatt as e bret, bret Bromeleblatt«.

Nicht nur am Rhein ist der Brombeerstrauch zu Hause, sondern auf großen Teilen der Nordhalbkugel. Er liebt sonnige bis halbschattige Standorte mit kalk- und stickstoffreichen Böden. Joseph Nießen beschreibt seinen Standort: »Der fruchtbarste und schönste Beerenträger des Waldes ist der Brombeerstrauch. Malerisch schön wirkt er besonders am Waldrande, wo er oft in zweistöckigem Aufbau festungsartig den Zugang schirmt, noch reizender erscheint er, wenn er den welligen Waldboden deckt. Die mosaikartige Blattstellung lässt da kein Plätzchen ohne Grün und sichert sich den ausgiebigsten Lichtgenuss. Das lichte Grün des Frühlings wechselt mit dem dunkeln des Sommers; im Herbst legen manche Blätter ein Goldkleid oder einen Purpurmantel an, viele aber behalten ihr kräftiges Grün den Winter hindurch und heben sich doppelt schön aus dem dürren Laub am Boden heraus« (Nießen 2: 42f).

Zur Gattung Rubus gehören weltweit mehrere tausend Arten. Problematisch sind die vielen Hybride. Bei denen ist es schwierig, die Nachkommen voneinander abzugrenzen. Sie vermehren sich sowohl sexuell durch Samen als auch vegetativ durch Ausläufer sowie durch Wurzelsprossen, welche an Zweigen entstehen, wenn diese Bodenkontakt haben. Durch ihre starken, nach hinten gebogenen Stacheln können sie als Spreizklimmer meterlang klettern, sich auch ineinander verschlingen und ein dichtes Gebüsch bilden. Wer Brombeeren im Garten hat, muss sie daher im Zaun halten.

Brombeeren blühen von Mai bis August. Die Blüten duften nicht, locken aber mit Pollen und Nektar die Bienen an. Brombeeren reifen bis Oktober. Dann sind sie durch Anthocyane fast schwarz, so schwarz wie ein Schornsteinfeger, wenn dieser aus dem Kamin fuhr, so dass er aussah wie ein »Bromelebotz«. Wurden Brombeeren lustvoll gegessen, hatte man eine »Bromeleschnüß«. Doch sollten die Brombeeren nur bis zum Bartholomaei (24. August) geerntet werden, denn »Wenn Bartholomäus over de Bromele gekrope es, dann es der Worm dren« (Nießen 1: 69).

Blüte mit schwach entwickeltem Blütenboden

Vierhundert Rubusarten werden in Deutschland gezählt. Brombeeren und Himbeeren sind die bekanntesten. In beiden Gattungen wird geklettert und/oder gekrochen. Beide sind Rosengewächse mit fünf Kelch-, fünf Kron-, zahlreichen Staub- und Fruchtblättern. Beide bringen leckere Sammelsteinfrüchtchen hervor Himbeere, S. 89). Diese unterscheiden sich nicht nur durch Farbe und Geschmack, sondern auch durch den Fruchtboden. Hat dieser die kleinen Steinfrüchtchen in die Höhe getrieben, verbleibt er bei der gepflückten Himbeere an der Pflanze, während er in der Brombeere verbleibt.

Die Stacheln an den Zweigen waren auch schon früher nicht zu übersehen. An denen kam keine Hexe vorbei. Eheleute konnten sich vor diesen schützen, wenn es ihnen gelang, Federn durch einen Rost aus Brombeerzweigen zu schaffen. Danach konnten sie den Bettbezug füllen.

Wenn die Dorfhexe dafür sorgte, dass sich Eheleute spinnefeind waren, war Hilfe vom Brombeerschössling angesagt. Krochen die Eheleute unter solch einen durch, verging der Zwist. Bei anderem Unheil, wie Krankheit oder wenn ein

Kind nicht gehen lernen wollte, half dieses Kriechen auch. Das alles musste allerdings an drei Freitagen geschehen (Grimm Myth. 3,463). Brombeerwurzeln im Hut sorgten dafür, dass Hexen erkannt und vertrieben wurden, was allerdings nicht freitags, sondern an Pfingsten passieren musste.

Brombeerstacheln setzte die Äbtissin Hildegard von Bingen bei geschwollenem und vereitertem Zahnfleisch ein. Auch Abszesse im Rachenraum ließen sich mit ihnen öffnen. »... wenn jemand an der Zunge Schmerzen hat, so dass diese aufschwillt oder Geschwüre hat, dann lasse er seine Zunge mit Brombeere ... einschneiden, damit die Flüssigkeit herauskommt...« (Physica. Das Buch von den Bäumen, 1-169). Bei Hildegard von Bingen wurde die Pflanze »mora rubi« genannt, wahrscheinlich weil die Maulbeere einer Brombeere ähnelt. Doch beide Arten haben ansonsten nichts gemein. Die Brombeere entsteht aus einer Blüte, während die Maulbeere ein Fruchtstand ist (s. S. 59).

Werden Brombeerblätter im Mai gepflückt, schmecken sie als Tee aufgebrüht sehr gut. Getrocknet kommen die Blätter als Arzneimittel (*Rubi fruticosi folium*) zum Einsatz. Neben Gerbstoffen sorgen Fruchtsäuren und Vitamine für Heilung bei Durchfall sowie chronischen Hauterkrankungen.

An Namen für den Strauch mit den sehr beliebten Früchten wurde nicht gespart. Mehr als achtzig volkstümliche Namen gibt es für sie; in zahlreichen findet sich »Bram«, »Brom« oder »Brum«, wie Brambeere, Brämen, Bromelde, Broomel oder Brüemelte. Die Brombeere fand Eingang in Bezeichnungen für alles mögliche. So wurde die Nase als »Bromel« bezeichnet, wie in Mondorf. Es gab den »Bromelekock«, Gallmilben, welche die Früchte bitter machen, Im Kreis Moers schmeckten die »Bromelepannekut«; gefeiert wurde in Birkenfeld bei Brombeerreife die Bromelskirb, Brombeerkirmes. Und wenn jemand in Waldenrath, Dremmen oder Herzogenrath schlecht gelaunt war, hieß es: »He mackt e Gesech wie ene Bock, de Bromele frett« (Nießen 1: 69). Die »Brombeere« entwickelte sich wohl aus dem schönen althochdeutschen Wort »brāmberi«. Nach der Brombeere heißt der Birkhahn Bromhahn, weil er die »brombeeren friszt«; die bromhüner hielten sich dort gerne auf, wo es »brombeerstauden« gab (Grimm).

Auch in die Literatur nahm die Brombeere Eingang. Friedrich Rückert (1788-1866) mochte sie so sehr, dass er sie in seiner »Parabel« verewigte. Ein in den Brunnen gefallener Mann konnte sich auf halbem Wege an einem Brombeerstrauch klammern. An der Brunnenöffnung wütete ein Kamel, im Brunnengrund ein Drachen. Vergangenheit und Zukunft schienen ihm verbaut. Was tat der Mann? Mit einem stillen Mäusepaar lässt er sich die reifen Beeren schmecken: »Aß Beer auf Beerlein wohlgemut, Und durch die Süßigkeit im Essen War alle seine Furcht vergessen.«

Else Lasker-Schüler färbte den Himmel für den Liebsten: »... färbte dir den Himmel brombeer / mit meinem Herzblut« (Gedicht »Abschied«).

Zum Nachmachen in der Küche lädt das Gemälde von Willem Claesz Heda ein: Brombeer-Tarte, wie sie vor vierhundert Jahren auf dem Tisch stand.

DER HIMBEERSTRAUCH

Rubus idaeus

ERDBEEREN WAREN FÜR UNS KINDER eindeutig die leckersten Früchte im Garten. Man musste sich nur bücken. Die Himbeeren, nach denen wir uns nicht bücken mussten, rangierten in der Beliebtheitsskala an zweiter Stelle,. Nicht nur dass sie in ihrem Himbeerrot so schön leuchteten, sie dufteten herrlich und schmeckten köstlich – außer es hatte sich ein Würmchen in ihnen breit gemacht. Also hieß es: immer erst in die Himbeere reingucken. Kleine runde Früchtchen drängeln sich. Doch es handelt sich nicht wie bei den Erdbeeren um Sammelnüsschen (s.S. 49). Diese beiden Rosengewächse Himbeeren und Brombeeren haben sich eine weitere Variante der Fruchtarchitektur ausgedacht und sind Sammelsteinfrüchtchen geworden.

Reife Himbeere, mit alten Kelchblättern, braunen Staubblättern und einzelnen Früchtchen, an denen noch der Griffel zu erkennen ist

Himbeere nach der Bestäubung. Kelchblätter und die zahlreichen Staubblätter werden nicht mehr benötigt

Botaniker sind sehr neugierig und schrecken auch nicht vor anatomischen Untersuchungen zurück. So entdeckten sie, das die Himbeere aus vielen Minifrüchtchen besteht, die wie eine Kirsche aufgebaut sind.

Zahlreiche von diesen Miniaturausgaben halten zusammen und bilden ein Sammelsteinfrüchtchen. In jedem Steinfrüchtchen steckt ein Stein. Auch das kennen wir von der Kirsche. Beim Zubereiten von Himbeermarmelade müssen die Himbeeren durch ein Sieb gedrückt werden; dann bekommen wir Marmelade ohne Steinchen. Oft wird von Kernen oder Körnchen gesprochen. Aber wir haben es hier nicht mit Kernobst, sondern mit Steinobst zu tun. In dem winzigen Steinchen ist der noch winzigere Same vorhanden, der Himbeerembryo.

Die Zweige der bis zu zwei Metern hoch wachsenden Pflanze sind mit feinen Stacheln versehen. Die Blätter sind meist aus drei Fiederblättern aufgebaut.

Im Mai beginnt der Strauch mit der Blüte; diese zeigt den typischen Aufbau eines Rosengewächses: 5 weiße Blütenblätter mit 5 Kelchblättern, zahlreiche Staubblätter und viele Fruchtblätter. Obwohl die Blüten duftlos sind – zumindest wir können keinen Duft wahrnehmen –, werden sie reichlich besucht, besonders von Bienen. Das ist nicht verwunderlich besteht doch der Nektar fast zur Hälfte aus Zucker. Auch was den Pollen betrifft, hat die Himbeerblüte einiges zu bieten.

Aus jedem der winzigen Fruchtknoten entwickelt sich ab Juni ein Steinfrüchtchen. Am Aufbau einer Himbeere sind an die hundert saftige Steinfrüchtchen beteiligt. Feine Härchen – nur für Genauhingucker sichtbar – halten die einzelnen Steinfrüchtchen zusammen. Ein jedes Steinfrüchtchen streckt noch seinen »alten« Griffel in die Höh.

Eine reife Himbeere lässt sich leicht abziehen, was bei der Brombeere nicht so gut gelingt (siehe dort); diese möchte sich nicht vom Fruchtboden trennen.

Himbeeren duften richtig gut. Hauptverantwortlich dafür ist das sogenannte »Raspbeeryketon«, das zusammen mit über zweihundertfünfzig anderen Substanzen den typischen Geruch und Geschmack hervorbringt. Die an Zucker armen Himbeeren gelten als »Fettburner« und »Stoffwechselturbo« und sollen schlank und als Kosmetikbestandteil schön machen.

Ob dies alles auch die vielen Säugetiere wie der Fuchs (in Dinslaken am Niederrhein hieß die Himbeere »Fuchsbeere«) wissen, wenn sie die Himbeeren essen? Auch Vögel laben sich an den saftreichen Früchten. Was die Schmetterlinge angeht: Es sollen über fünfzig Arten an der Himbeere ihre Eier ablegen. Schlüpfende Raupen sättigen sich nicht nur in Europa an ihr, sondern tun dies bis Sibirien. Vielleicht schmecken sie auch den Raupen im östlichen Nordamerika, in Grönland und Neuseeland, wo sich *Rubus idaeus* eingebürgert hat.

Über die Himbeere wurde bereits vor über zweitausend Jahren geschrieben. Dioscurides kannte sie. Später schrieb der Römer Plinius der Ältere, dass die Griechen sie »Idaeus rubus« genannt hätten. Vermutet wird, dass »idaeus«, das Epitheton des botanischen Namens, nach dem Idagebirge benannt ist.

Was den Namen »Himbeere« betrifft, so soll der sich vom althochdeutschen »Hintperi« ableiten lassen, von der Hirschkuh. Ob die sich damals auch schon gerne von den Himbeeren ernährte?

Gesund ist sie ja! Das war bereits in den altertümlichen Klöstern bekannt. Vitamine, Fruchtsäuren und Mineralstoffe sollen die Abwehrkräfte sowie die Wundheilung fördern. Noch heute werden die gerbstoffreichen Blätter gerne verwendet. Als Tee helfen sie bei Durchfallerkrankungen, Gurgeln lindert Entzündungen im Mund- und Rachenraum.

Die Frage bleibt, warum über die Himbeere so viel weniger bis gar nicht gedichtet oder gesungen wurde? Wurden die vielen Dichter durch die kleinen Stacheln an den Zweigen davon abgehalten? Nicht so Heinz Erhardt; er nahm auch noch den Brombär ins Visier:

Ein Brombär, froh und heiter, schlich
durch einen Wald. Da traf es sich,
dass er ganz unerwartet, wie's
so kommt auf einen Himbär stieß.

Der Himbär rief – vor Schrecken rot –
»Der arme Stachelbär ist tot!
Am eignen Stachel starb er eben!«
»Ja«, sprach der Brombär, »das soll's geben!«
und trottete – nun nicht mehr heiter –
weiter...

Doch als den »Toten« er nach Stunden
gesund und munter vorgefunden,
kann man wohl zweifelsohne meinen:
Hier hat der andre Bär dem einen
'nen Bären aufgebunden!

Zimthimbeerstrauch

Rubus odoratus

Der Zimthimbeerstrauch ist in Nordamerika zu Hause. In Europa wird er seit dem 17. Jahrhundert wegen der hübschen rosa farbigen Blüten kultiviert und kommt auch als Bodendecker von Österreich bis Finnland und England zum Einsatz, wo sie auch verwildert. Die Zweige weisen keine Stacheln auf wie unsere Himbeere, sondern rötliche und gestielte Drüsen.

Das Artepitheton »odoratus« im botanischen Namen bezieht sich auf den Wohlgeruch der Blüten, vielleicht nach Zimt? Die Früchte sind größer als bei unserer heimischen Himbeere, schmecken aber eher fade. In ihrer Heimat wurde sie als Heilpflanze gegen Husten und Durchfall eingesetzt wie auch gegen Geburtsschmerzen.

Der Walnussbaum

Juglans regia

»Wal« bei unserer Nuss hat nichts mit dem Meeressäugetier zu tun. Eigentlich heißt die Frucht »Welschnuss«, die welsche Nuss, welche nach einem Gebiet im Süden Europas benannt ist. Hier lebten die Welschen; hier hat der Baum seine Heimat, hier wird er seit Jahrhunderten geschätzt und auch in größerem Umfange angebaut. Seine Heimat reicht bis China. Große Walnussplantagen gibt es in Kalifornien. Doch Kirgisien besitzt die größten einheimischen Wälder mit der Juglans.

Der botanische Name *Juglans regia* kann so gedeutet werden, dass er die königlichen Eicheln des Jupiters zum Ausdruck bringt, die »Jovis glans«. Das ist nachvollziehbar beim Anblick der meist zu zweit beieinander stehenden Früchte.

Marcus Terentius Varro (116 v. Chr.-27 n. Chr.) schrieb vor über zweitausend Jahren: »Diese herrliche, große Frucht heißt glans, weil sie in ihrer grünen Schale einer Eichel (glans) ähnlich sieht; juglans heißt sie von Jupiter… Sie heißt auch Nuss (nux), weil sie den Körper schwarz färbt, wie die Nacht (nox) die Luft.« (Reinhardt, 4,1: 224ff).

Von Jupiter sind zahlreiche Liebesaffären bekannt. So wurde den »Eicheln des Jupiters« aphrodisische Wirkung und Fruchtbarkeit zugeschrieben. Bei Hochzeitsbräuchen spielten sie im alten Rom eine Rolle. Vergil (70 v. Chr.-19 n. Chr.) soll gesagt haben: »Streuet Nüsse dem Hochzeitspaar aus«. In Griechenland wurden die Nüsse unter die Gäste gestreut, wenn die Braut das hochzeitliche Gemach betrat (Reinhardt:226).

Römer brachten mit den Esskastanien auch die Walnüsse über die Alpen und bauten sie rund um ihre Kastelle an. In Gallien wurden sie besonders intensiv kultiviert und hießen hier »nux gallica«. Im »Capitulare de villis«, der Landgüterverordnung Karls des Großen, sind sie als »nucarios« bei Nummer 88 aufgeführt. Auf dem Markt waren sie schon um die Mitte des 16. Jahrhunderts zu kaufen, wie es auf dem Gemälde »Marktfrau am Gemüsestand« des Amsterdamer Malers Pieter Aertsen zu sehen ist. Später erschienen die Walnüsse häufig auf Gemälden und hatten eine interessante symbolische Bedeutung, wie bei Abraham Mignon (1640-1679) auf dem »Früchtestillleben mit Eichhörnchen und Stieglitz« (Ausschnitt).

Es ist ein schöner Baum mit großen gefiederten Laubblättern und hellgrauer Rinde. Bei den zahlreichen Laubbäumen mit gefiederten Blättern ist der Walnussbaum an dem endständigen Fiederblatt zu erkennen, was größer als die anderen Fiederblätter ist. Beim Zerreiben duften sie aromatisch.

Die männlichen Blütenkätzchen sind besonders dick. Die weiblichen Blüten stehen meist zu zweit und blühen zirka einen Monat nach den männlichen. Aus den weiblichen Blüten entwickeln sich die Früchte, welche bis zur Reife von den beiden Narben begleitet werden.

Zwei Narben deuten auf das Vorhandensein von zwei Fruchtblättern. Das ist immer so, dass die Anzahl der Narben gleich der Anzahl der Fruchtblätter ist. Vom harten Endokarp geschützt, entwickelt sich der schmackhafte, äußerst gesunde Same.

Palladius (4. Jh. n. Chr.) wusste um die Reife und wie man die Walnüsse aufbewahrt: »... Die Reife der Nuss erkennt man daran, dass sich ihre äußere Schale ablöst. Ihre Aufbewahrung geschieht entweder unter Spreu oder Sand oder trockenen Walnussblättern oder in einem Kasten von Walnussholz oder zwischen Küchenzwiebeln, denen sie zugleich den scharfen Geschmack benehmen...« (Reinhardt:227). Wollen wir hoffen, dass die Nüsse dann nicht nach Zwiebeln schmeckten.

Die »äußere Schale« ist das Mesokarp der Steinfrucht, wie es zum Beispiel auch bei der Mandel aufplatzt. Die grünen Schalen sind gerbstoffreich und wurden früher zum Färben der Wolle verwandt. Ganz junge Nüsse färben Haare braun.

Phantasievoll wurden im Rheinland die einzelne Teile des Baumes benannt. Die Frucht war die »decke Nött«, »Boomnuet«, Baumnuss heißt sie heute noch in der Schweiz. Die Keimpflanzen wurden »Hätzche« oder Nählche« genannt. Mit »Hähnche« und »Gigerigig« war der Same gemeint. Blütenkätzchen hörten auf die schönen Namen »Mimkes« und Hanepuet«, während die grüne Fruchtschale »Härpe«, »Brölle« oder »Härpe« hieß. Mit »ausbolstern«, »abbasten« und »hülschen« war das Schälen der Nüsse gemeint.

Wollte man jemandem drohen, wurde in Bergheim nicht das »Hühnchenrupfen« versprochen, sondern mit »Ech han met dir noch e Nößche ze kraache«. »Faule Nüsse werden auch verkauft«, hieß es schon damals. Regnete es am 13. Juli, am Margarethentag, bedeutete dies: »Sint Margete (13. Juli) pißt in de Nöte«, was bedeutete, dass die Nüsse nun hohl würden (Nießen: 1:201).

Am Niederrhein wurden am Johannistag Walnusszweige, nun auch »Janstack« genannt, an die Häuser gehängt. Das sollte gegen Unwetter schützen. Nach einer alten Legende war Johannes nach seiner Gefangennahme in ein niederrheinisches Haus gebracht worden, welches durch einen Nussbaumzweig gekennzeichnet war. Doch am nächsten Morgen hingen an allen Häusern solche Zweige, was ein Auffinden des Johannes vereitelte.

Das Holz wurde bereits damals verwandt und ist bis heute sehr begehrt, besonders mit Maserknollen. Die Samen sind so mit das gesündeste, was man sich vorstellen kann. Sie haben Inhaltsstoffe, die prophylaktisch gegen alle möglichen Krankheiten eingesetzt werden können. Doch nicht nur dort, auch in der Pfanne, zusammen mit Knoblauchstückchen gebräunt, bereiten sie einen besonders leckeren und würzigen Gaumenschmaus.

Kernobstiges auf dem Gemälde »Vertumnus« von Arcimboldo.
Apfelbäckchen, Birnennase, Mispel als Haarschmuck, ein weißer Rettich
mit Wurzel als Adamsapfel und Speierlinge als Tränensäcke

Von Kernobst und Sammelbalgfrüchten

Alle hier besprochenen Obstgehölze sind Rosengewächse. Birnen, Quitten, Speierlinge bilden »Apfelfrüchte«! Also müssen wir doch Birnen mit Äpfeln vergleichen. Wir tun es und siehe: Sie haben vieles gemeinsam. Alle besitzen Blüten mit fünf Kelchblättern und fünf Kronblättern. Zahlreiche Staubblätter umkränzen immer fünf Griffel. Jeder Griffel führt zu seinem eigenen Fruchtknoten. Die fünf Fruchtblätter stehen gemeinsam im Zentrum des Apfels. Betrachten wir die Beschaffenheit eines Fruchtblatts, stufen wir es als weder hart wie bei der Nuss noch weich wie bei der Beere ein. Botaniker haben sich auf den Begriff »pergamentartig« geeinigt. Nun kommt es noch darauf an, an welcher Naht sich diese Frucht öffnet, sie hat nämlich zwei davon: eine Bauchnaht und eine Rückennaht. Öffnet sie sich an der Bauchnaht, haben wir eine »Balgfrucht« vor uns, wie es zum Beispiel beim Rittersporn der Fall ist. Wenn sich das Fruchtblatt an der Rückenwand öffnet, wird die Frucht »Hülse« genannt, wie es bei allen »Hülsenfrüchten« der Fall ist.

Nun stehen bei jedem Apfel fünf Bälge zusammen; die bilden eine Sammelbalgfrucht. Als ob dies nicht schon genug ist, bildet diese Sammelbalgfrucht mit dem umgebenden leckeren Sprossgewebe eine »Scheinfrucht«. Die eigentliche Frucht mit den »Samen« wird meist nicht mitgegessen, könnte aber. O weh, denken Sie jetzt, das ist zu kompliziert. Ist es nicht! Schon in einem bekannten Kinderlied ist es richtig beschrieben (und wurde von Mozart vertont)

In meinem kleinen Apfel,
da sieht es lustig aus:
es sind darin fünf Stübchen [fünf Bälge],
grad' wie in einem Haus [Apfel].

In jedem Stübchen [Balg] wohnen
zwei Kernchen [Samen] schwarz und fein,
die liegen drin und träumen
vom lieben Sonnenschein…

Apfel mit Fruchtstiel
und verbleibenden
Kelchblättern

97

Sie träumen auch noch weiter
gar einen schönen Traum,
wie sie einst werden hängen
am schönen Weihnachtsbaum

Meine Weihnachtsäpfel waren die Sternrenetten. Diese Äpfel haben unzählige »Sternchen« auf ihrer Oberfläche. Als Botanikerin weiß ich, dass es sich bei diesen Sternchen um »Lentizellen« handelt, welche für Luftaustausch sorgen.

Das kann meine Bewunderung für diesen Sternhimmel nicht mindern. Ein roter Apfel mit goldenen Sternchen! Ist das nicht schön? Die Sternenpünktchen sorgen für den Luftaustausch. Die Pünktchen um die Balgfrüchte herum – wie auf obiger Zeichnung – stellen Gefäße dar, durch die Nährstoffe und anderes fließt, welche den Apfel dick, bunt, duftend und lecker machen. Für alles ist gesorgt.

Birne und Äpfel unterscheiden sich durch die Farben der Staubbeutel. Von der Apfelblüte fliegt die Biene mit gelben, bei der Birne mit roten Pollenhöschen davon.

Die Verbraucher wollen seit geraumer Zeit weg von den wenigen Sorten auf dem Markt. Obstbauer bemühen sich, mit »alten«, aber schmackhaften Sorten dem zu entsprechen; doch das dauert.

Bei vielen Obstessern sind Quitten und Scheinquitten nicht so beliebt; man kann in diese nicht so einfach hinein beißen oder aus ihnen Marmelade machen. Sie sind »harte Kerls«. Drecksäcks werden sie nicht, wie es Speierling und Mispel nachgesagt wird. Doch letztenendes gelingt es, Mus und Marmelade und anderes Leckeres aus Quitten herzustellen.

Der Apfelbaum

Malus spec.

Wenn ich im April die dicken Apfelknospen betrachte, höre ich Theodor Fontane neben mir sagen: »Nun ist er kommen doch, im grünen Knospenschuh«. Aber Theodor, denke ich, wieso grünen Knospenschuh?

Blütenknospen tragen doch einen rosa Knospenschuh! Aber Theodor hat die grünen Blattknospen gemeint. Auch gut. Der alte Fontane und der Apfelbaum hatten bereits viele Jahre auf dem Buckel; beide wollen nicht mehr den Neubeginn im Frühling wagen; sie sind müde. Doch alles Sträuben hilft dem Apfelbaum nicht, denn: »Er muss.« Und der alte Fontane, was macht er? Nach dem alten Apfelbaum wagt er es nun auch noch einmal nach der langen Winterruh und ruft »Herze, wag's auch du!«

An einem Apfelbaum ist nur Schönes. Uns schenkt er im Frühling die Blüten, den Bienen Nektar und Pollen, den »leicht beschwingten Gästen« ein Plätzchen zum Singen, Schlafen und Nestbauen, dem müden Wanderer den Blätterschatten. Und allen schenkt er seine Früchte. So beschrieb es Ludwig Uhland in seinem Gedicht: »Bei einem Wirte wundermild«. Vielleicht bedanken wir uns bei nächster Gelegenheit einmal beim Apfelbaum?

Ein solcher wundermilder Wirt wuchs im Garten meiner Kindheit. Zwei Apfelbäume waren dort gepflanzt. Wenn die Äpfel reif waren, war es bei Strafe verboten, sie zu pflücken. Das war den Eltern vorbehalten. Doch was sollten wir Kinder tun? Viele andere Leckereien gab es nicht. Daher: Nicht nur die Kirschen aus Nachbars Garten schmecken gut!

Nein, es war kein Apfel, welchen Eva im Paradies dem Adam reichte. Es war eine nicht näher beschriebene Frucht. Die einzige genannte Paradiesfrucht war die Feige. Bei dem Apfel, *Malum*, vom Apfelbaum, *Malus*, liegt ein Übersetzungsfehler vor. Der überdauerte Jahrtausende, und die Alten Meister verfestigten ihn auf ihren Paradiesbildern. Aber er wird in der Bibel genannt, der Apfel. Zum Beispiel im Hohen Lied des Salomon, wo der Liebste wie ein Apfelbaum unter den wilden Bäumen ist.

Wo der Apfel in grauer Vorzeit von den Menschen in Kultur genommen wurde, ist nicht genau bekannt. Das Zentrum der Stammformen wird zwischen Kaukasus und Turkestan vermutet. Auch jetzt gibt es noch eine große Anzahl »wilder« Apfelarten. In römischen Siedlungen Mitteleuropas wurden viele Apfelreste gefunden, darunter bereits auch von feinen Kulturäpfeln. »Melon Malum« nannten die Römer den Apfel. Sie verfassten Schriften über ihn, über Anbau, Pfropfung, Pflege, Verwendung und Lagerung. Dies wurde im frühen Mittelalter von den Mönchen in den Klöstern aufgegriffen. Sie behandelten die Äpfel so, wie es Palladius im 4. Jahrhundert n. Chr. vorschlug: »Die Zeit der Veredlung ist der Februar und März. Apfelreiser gedeihen auf Apfel- und Birnbäumen, Weißdorn, Pflaume, Spierling, Pfirsich, Platane, Pappel, Weide. Die Äpfel, welche aufbewahrt werden sollen, müssen sorgfältig ausgelesen werden. Die … Kugeläpfel kann man ohne weiteres ein ganzes Jahr aufbewahren. Manche Leute senken auch die in gut ausgepichten und verpichten Gefäßen befindlichen Äpfel unter Wasser. Andere nehmen die Äpfel einzeln vom Baum, tauchen ihre Stiele in siedendes Pech, legen sie reihenweise auf die Gestelle und decken sie mit Nussblättern. Viele legen sie zwischen Sägespäne von Pappel- oder Tannenholz. Es ist bekannt, dass man die Äpfel so legen muss, dass der Stiel unten ist, und dass man sie nicht eher anrühren darf, als bis man sie braucht.« (Reinhardt 4,1: 72ff)

In der Kaiserzeit waren 29 Apfelsorten bekannt. Die berühmtesten Äpfel sollen bei der Stadt Abella in Kampanien gewachsen sein, welche eine alte Apfelkultur aufwies; der Stadtname stammt wahrscheinlich von der keltischen Bezeichnung »aball« für Apfel ab. Aus dem Althochdeutschen ist »Apful«, aus dem plattdeutschen »Appel« überliefert. 1753 war er von Carl von Linné zu *Pirus malus* gesetzt worden; ein Jahr darauf wurde er vom Botaniker Philip Miller in eine eigene Gattung gestellt. Das Kerngehäuse hatte eigene Namen, wie »Kros«. »Kitsch« oder »Knoss«. Es gibt zahlreiche Apfelgerichte, wie »Himmel und Hölle« und »Appel em Schloeprock«. Bestimmte Apfelerzeugnisse wie Apfelkraut, Apfelwein und Apfelschnitzel erfreuen uns noch heute. Das könnte auch die Redensart tun: »Dä mäch e Gesicht wie en Appeltat«.

Camille Pissarro, Apfelpflücken in Eragny-sur-Epte, 1888

Die »Appeltatekirmes« geht auf die fromme Einsiedlerin Gräfin Irmgard von Zütphen zurück, im Jahre 1020 bei Rees geboren. Sie war die Beschützerin des Obstbaues. Eine Apfelsorte, der Gardenapfel oder Irmgardenapfel, ist nach ihr benannt. Wenn die Äpfel geerntet werden, findet ihr Fest statt, am 4. September. (Nießen 2. Bd.: 230f)

Es gibt auch noch andere Äpfel: Mit der Apfelfrucht verbunden sind Adamsapfel, Reichsapfel, Augapfel, Gallapfel, Apfelschimmel, aber auch Avalon, das keltische Apfelland, in welches die toten Könige und Helden einkehrten, sowie Märchen, wie Der Eiserne Hans, Schneewittchen, Frau Holle usw..

Bei den alten Germanen stand der Apfelbaum unter dem Schutz der Götter. Kein Blitz spaltete seinen Stamm; der Hammer des Donnerers Donar durfte ihn nicht treffen. Iduna, die nordische Göttin der Jugend und der Unsterblichkeit, besaß wunderbare Äpfel. Wer solch einen Apfel aß, blieb im Besitze der vollen Lebenskraft, der Jugend und Schönheit.

In der Sage von den Zwergen und dem schwatzhaften Musikus geht es darum, dass Äpfel und Birnen kostbare Geschenke waren und noch kostbarer wurden, wenn Zwerge sie in Gold verwandelten: »Einst war ein Musiker bei einer Kindtaufe in der Mordmühle gewesen. Spät in der Nacht wollte er heimkehren und kam dabei an einem Zwergenloch vorbei. In dem hielten die Erdgeister ein Gastmahl. Alles war klein auf den Tischen, nur die Weinflaschen und das Obst nicht. Denn Wein und Obst besitzen die Zwerge nicht; sie müssen diese den Menschen stehlen. Der Musikus wurde von der Gesellschaft eingeladen; diese war sehr freundlich gegen ihn. Sie beschenkten ihn mit Äpfeln und Birnen, geboten ihm aber, streng zu schweigen. Nach dem Fest schlief er ein. Als er erwachte, war sein Rock so schwer, dass er sich kaum erheben konnte. Denn Äpfel und Birnen hatten sich in Gold verwandelt! Fröhlich schritt er auf Hildesheim zu und fragte den Torschreiber, was die halbe Stadt koste. Die Zwerge hätten ihm dazu Geld genug geschenkt. Da wurden die Taschen plötzlich leicht und feucht. Statt der goldenen Äpfel zog er verfaulte hervor. *Das Wort ist Knecht, der Gedanke frei, darum Schweigen dir geraten sei.*« (Reling & Bohnhorst: 208)

In Baden wurde während des Volksfestes am Sonntag nach Mariä Himmelfahrt (15. August) der Holzapfeltanz getanzt. Am Vorabend leg-

Der Holzapfeltanz im Odenwald, Holzstich. 1861

ten die Burschen ihren Mädchen als Zeichen der Einladung Holzäpfel vors Fenster. Die Mädchen schmückten die Hüte ihrer Tänzer mit Bändern, Blumen und Zitronen. Ehe am Sonntag der Tanz begann, ging ein Mann mit einem Sack voller Holzäpfel im Kreise umher und schüttete diese auf den Boden. Fing der Tanz an, so wurde dem ersten Tänzer ein Walnusszweig überreicht, den er an einen anderen Tänzer weiterreichte, usw. Dann ging eine an einem Baum befestigte und mit einer brennenden Lunte versehene Muskete los; wer zu diesem Zeitpunkt den Walnusszweig in der Hand hielt, war Sieger und erhielt einen Hut, seine Tänzerin ein Paar Strümpfe. (Handwörterbuch 4: 275)

Unser Holzapfel bringt nur saure, zirka drei Zentimeter große Früchte hervor. Er wächst als Strauch oder Baum und kann bis zehn Meter hoch werden. Der Holzapfel *Malus sylvestris* ist einer der Vorfahren unseres Kulturapfels *Malus domestica*. Wahrscheinlich waren noch weitere Apfelarten bei dessen Entstehung beteiligt. Von *Malus domestica* stammen unsere zahlreichen Apfelsorten ab. Der Apfel wurde auf größere und schmackhaftere Früchte hin gezüchtet. Sie wurden den Erfordernissen des Handels angepasst, wie schönes Aussehen, gute Transportierbarkeit und lange Haltung. Eine gegenläufige Entwicklung zu diesen alten und schmackhafteren Sorten ist jedoch auch zu verzeichnen.

An dieser Stelle sei der Biene ganz herzlich gedankt. Sie ist es, die fleißig alle Blüten unserer Obstgehölze besucht, Pollen mitbringt, Pollen mitnimmt, Nektar schlürft und uns später den wunderbaren Honig schenkt.

Wilhelm Müller (1794-1827)
DIE BIENE

Biene, dich könnt' ich beneiden,
Könnte Neid im Frühling wachsen,
Wenn ich dich versunken sehe,
Immer leiser leiser summend,
In dem rosenroten Kelche
Einer jungen Apfelblüte.

Als die Knospe wollte springen
Und verschämt es noch nicht wagte,
In die helle Welt zu schauen,
Jetzo kamst du hergeflogen
Und ersahest dir die Knospe;
Und noch eh' ein Strahl der Sonne
Und ein Flatterhauch des Zephyrs
Ihren Kelch berühren konnte,
Hingest du daran und sogest.
Sauge, sauge! – Schwer und müde
Fliegst du heim nach deiner Zelle:
Hast dein Tagewerk vollendet,
Hast gesorgt auch für den Winter!

DER BIRNBAUM

Pyrus communis

FÜR RIBBECK AUF RIBBECK IM HAVELLAND waren blütenübersäte Birnbäume ein Augenschmaus. Der alte Herr freute sich schon im Frühling auch auf den Gaumenschmaus, auf die leuchtenden und lachenden Birnen in goldener Herbstzeit. Dann war die Zeit, mit Sprüchen wie »Junge, wiste 'ne Beer?« und »Lütt Dirn, kumm man röver, ick hebb' 'ne Birn« an die Dorfjugend zu treten und ihnen die Leckerei anzubieten. Nach seinem Tod schlug er der Knauserigkeit seines Nachwuchses, der den »Birnbaum strenge verwahrt«, ein Schnippchen, als nach einigen Jahren aus der Grabbeigabe – eine Birne – ein »Birnbaumsprößling sprosst heraus«. Nach weiteren Jahren war unter dem Baum zu vernehmen: »Junge, wiste 'ne Beer?«

Mit diesem Gedicht setzte der siebzigjährige Fontane dem alten Herrn von Ribbeck und seinen Birnen ein Denkmal. An der Birne schieden sich nämlich die Geister: War für den alten Ribbeck das Birnenverschenken eine Freude, bevorzugte der Sohn soziale Abgrenzung und Eigennutz. Oder war der junge Ribbeck ein Gourmet, dem die mit Schokoladensoße übergossenen Weichteile als »Birne Helene« oder die mit Mandel, Zitrone und Vanille eingelegte »Birne in Sirup« so gut schmeckten, dass er das profane Hineinbeißen der Dorfjugend in das pure Kernobst verabscheute? Den verlangenden Blicken über den Zaun und der Frage: »Wer giwt uns nu 'n Beer?«, schien er standgehalten zu haben.

Die Birne ist eine alte Kulturpflanze. Schon zu Homers Zeiten waren bereits aus der Wildbirne, *Pyrus pyraster*, mit den scharfen Sprossdornen und zahlreichen Steinzellennestern, weiche und geschmacklich unterschiedliche Sorten gezüchtet worden.

Rudolf Goethe, Großer Katzenkopf, 1894

Die Geschichte von der (Kultur) Birne und deren Züchtern erfuhr einen Höhepunkt, als sie mit den Römern über die Alpen gelangte. Aus dem lateinischen *pirus* wurde die althochdeutsche *bira*. Mit den zahlreichen gezüchteten Sorten entstand später eine Flut von Namensgebungen. Nun blühten außer dem württembergischen »Holzmockel« und der preußischen »Kruschke« als Halbbutterbirne auch die säuerlich-süße »Grüne Magdalena«, die rübenartige, süßlich fad schmeckende »Rundliche Kochbirne« sowie die halbschmelzende »Apothekerbirne«, zu der auch die nach Zimt schmeckende »Herzogin von Angoulème« zählte. Die »Gute Luise« soll nach der schönen Preußenkönigin benannt worden sein, meinte 1989 der Berliner Ortschronist Heinz Knobloch. Besonders die französischen und belgischen Obstbauern waren erfolgreiche Züchter, woran heute Birnennamen wie »Gräfin von Paris«, »Jeanne d'Arc«, und andere erinnern. Neben mediterranen Birnenschnitzen gab es als sonnengespeicherte Wintersüße auch die süddeutschen Hutzeln. Hutschepottsbiere war der schöne Name für im Backofen geschmorte Birnen mit Zimt, Zucker und Apfelkraut. Das Herstellen von Hutzelebrühe aus getrockneten und gekochten Birnen brauchte seine Zeit, daher hieß es: »Geduld iwerwind alles, ach Hutzelebrüh, un wann se noch so sauer is« (Nießen 1:62). Im Hutzelknopf, einem großen Mehlkloß, waren Birnenhutzeln ins Innere getan. Die »Wörgbeer« war wohl nicht so beliebt, da sie »wie Schlehen den Hals« zusammenzog. Der Begriff »Hemdsflieger« für Birnwein lässt der Phantasie freien Lauf. Man kreierte Birnensirup, Birnenessig und Birnensenf oder presste Sülzbirnen mit Fenchel, Dill und Anis. Auch wurden den Äpfeln Mostbirnen beigefügt, um den Apfelwein lieblicher zu machen.

Außer mit kulinarischem Genuss wurde die Birne mit Sünde, Tod und Teufel in Verbindung gebracht. Bei den Sorben z.B. hieß die Wildbirne

»Plonica«, Drachenbaum, da von diesem paradie-
sischen Baum ein Drache – in Wirklichkeit war es
der Teufel – zur Sünde verführte. An den Birn-
baumwurzeln sollte ein Schatz begraben sein,
ben dem ein feuriger Stiefel stünde. Das Problem war, dass auf Schatz und Stiefel der Teufel sein
Auge hatte. Denn wenn ein mutiger Mensch den
Stiefel anzöge, müsse er dem Teufel den Schatz
geben. Das soll sich wohl bis heute noch niemand im Pommerschen getraut haben. »Um Mitternacht, in der Geisterstunde, wenn alles ringsumher
dunkel ist, muss sich der Schatzgräber schweigend zur
Stelle begeben, um den Schatz einen Zauberkreis bilden und eine Zau-
berformel sprechen, worin die Seele dem Bösen verschrieben wird. Danach kann er die Arbeit beginnen und hat sie lautlos fortzusetzen, was
ihm auch begegnen mag. Gleich nach Beginn der Arbeit werden aber
schreckliche Gestalten, Kobolde und Drachen ihn umschwirren und
ihm die mit Gift geschwollenen Zungen entgegenstrecken; und wer
dann das Geringste versieht, ist dem Tode verfallen.« (Warnke:70)

War der Teufel auf Plonica sesshaft, konnte der Bösewicht dem Feld,
auf dem der Baum stand, nicht mehr schaden. Nun ist der Teufelssitz
selber in Gefahr. Die Schutzgemeinschaft Deutscher Wald rief vor Jahren zum Schutz der Wildbirne auf. Ihr langer gemeinsamer Weg mit
den Menschen ist gefährdet. Ihr Verschwinden wäre zu bedauern, stünde er als blühender Augenschmaus in heimischer Natur nicht mehr zur
Verfügung. Auch wird er als Spender wertvollen genetischen Materials
für Einkreuzungen benötigt.

Apfel und Birne stehen Modell, wenn wir die
Silhouette eines Menschen beschreiben wollen. Wir unterscheiden die Birnenform, bei
denen das meiste im unteren Körperrumpf zu
finden ist, während bei der Apfelform mehr
die Bauchgegend zu betrachten ist. Auch was
die Gesichtsform angeht, werden gerne Ap-

Arcimboldo gab dem Herbst eine Birnennase

fel- und Birnenform zur Verdeutlichung eingesetzt. Mit »Birne« wird gerne der Teil eines Menschen bezeichnet, welcher das geistige Leben ermöglicht. Die birnenförmige Kopfform eines Bundeskanzlers verpasste diesem seinen oft zitierten Beinamen.

Was die Birne heute weniger beliebt macht als den Apfel ist ihre geringere Lagerfähigkeit; Birnen müssen rasch verzehrt bzw. verarbeitet werden. Im 4. Jahrhundert hatte Palladius, ein Kenner der Landwirtschaft, zahlreiche Tipps für die Haltbarmachung gegeben: »... Will man Birnen lange aufbewahren, so sucht man mit der Hand gepflückte, ganz unbeschädigte, noch nicht völlig reife aus, tut sie in ein ausgepichtes Gefäß, befestigt darauf den Deckel ganz dicht, legt es so um, dass der Deckel nach unten kommt und vergräbt es an einer Stelle, um die jahraus, jahrein Wasser fließt. Man hebt auch Birnen in Spreu und Getreide auf.«

Der Konserve entnommen, können wir heute auch im Winter eine leckere »Birne Helene« mit heißer Schokolade übergießen. Beim Essen denken wir an den frisch gebackenen Pensionär Heinrich Lohse, welcher die ihm vorgesetzte Birne Helene nicht als solche, sondern nur unter richtigem Namen essen wollte. Frau Lohse hatte ihm »Apfel Helene« serviert. Bei den Konservenbirnen nehmen wir nicht oder nicht so sehr das wahr, was jeder Birne ein Stützgerüst verpasst: Es sind die harten Steinzellen. Die bilden bei dem eher weichlichen Kernobst ein besonderes Festigungsgewebe. Besonders bei den Wildbirnen werden wahre Steinzellennester gefunden.

Birnen geben einen unverwechselbaren Geschmack, wenn sie im Einklang mit Speck und Bohnen den »Gröönen Hein« bilden. Das wird gerne im Norden unseres Landes gegessen. Auch Wespen und Schnecken mögen Birnen, die einen im Baum der Königinbirne, die anderen unter dem Baum, wie Peter Handke in seinem »Gedicht an die Dauer« schrieb: »... der ganze Baum voll nagender Wespen, der ganze Boden voll speichelnder Schnecken«. Wenn die Früchte hier schon länger lagen, waren vielleicht die Schnecken auch nicht mehr so klar bei Verstand. Wie die Schweine, die Sarah Kirsch unter dem Birnbaum vorfand: »... sie torkeln/ Das Übermaß faulender Birnen / Hat sie betrunken gemacht / sie durchbrechen / Das Gatter und schürfen den Rücken / An der Rinde heidnischer Eichen«. (Aus: »Der Mittag«). Johann Gaudenz Freiherr von Salis-Seewis (1762-1834) lässt die Birne sogar winken: »... gelbe Birnen winken / dass die Zweige sinken / unter ihrer Last«, heißt es in seinem Lied »Bunt sind schon die Wälder«.

DER QUITTENBAUM

Cydonia oblonga

DER BAUM BLÜHT SO SCHÖN WIE DAMALS, als die Römer die Pflanzen nach Germanien brachten. Seine Blütenknospen zeigen seit Jahrhunderten die fein säuberlich gedrehten, rosafarbenen Kronblätter. Leider verschwindet meist dieses Rosa, wenn sich die Blütenblätter entfalten.

Aber auch die fast weißen Blüten sind wunderschön. Sie leuchten weithin während ihrer kurzen Blühzeit und schmücken Anfang Mai jeden Garten. Geschätzt werden die quittengelb gefärbten Früchte. Die duften wunderbar und schmecken nach der Verarbeitung unverwechselbar, haben sie doch einen zarten bitteren und herben Beigeschmack.

Wegen ihres aromatischen Duftes waren die Früchte bereits in Räumen der Römer beliebt, wie Plinius d.Ä. (23./24-79) in seiner »Naturalis Historia« berichtete: »Alle Quittensorten sieht man jetzt in den Empfangszimmern der Männer aufgestellt und vor die Bildsäulen der Nachtgottheiten gelegt.«

Die von ihren filzigen Haaren befreiten Früchte wurden in Honig eingekocht. Diese »Honigäpfel« schmeckten fein und dufteten aromatisch.

Amanda A. Newton, Cydonia oblonga, 1909

Auch waren sie als gesunde Kost geschätzt, wie Dioskurides, der berühmte Pharmakologe des Altertums, schrieb: »Die Quitten bekommen dem Magen gut, sind gekocht milder als roh. Um Quittenwein (Cydonium) zu machen, welcher ›kydonítes‹ und ›melítes‹ heißt, lässt man zerstoßene Quitten 30 Tage lang in Most und seiht diesen dann durch. Um ›meloméli‹, auch ›kydonoméli‹ genannt, zu bekommen, legt man Quitten, denen die Kerne genommen sind, in Honig.«

Während Plinius d. Ä. im Ersten Jahrhundert n. Chr. sechs Sorten kannte, gibt es heute an die dreißig. Die erste Erwähnung soll von dem griechischen Lyriker Alkman aus Lydien (zirka 650 v. Chr.) stammen. Der Baum spielte hier bei Bräuchen eine Rolle, besonders bei der Hochzeit. So soll der Braut vor dem Betreten des Brautgemaches eine Quitte überreicht worden sein. Das wurde als Unterpfand für eine glückliche Ehe gedeutet. Andererseits sollte der bittere und herbe Beigeschmack der Früchte wohl auch auf die gelegentlichen Leiden in einer Ehe verweisen.

Früher war die Quitte unter der Gattung »Pirus« zu finden, die damals auch Birnen (*Pyrus*) und Äpfeln (*Malus*) ein systematisches Zuhause bot. Ganz früher wurde die Quitte auch »mala cydonia« genannt, Apfel aus Cydon, nach der kretischen Stadt Kydonia. Doch eine befriedigende Ableitung des Gattungsnamens liegt nicht vor.

Oblongo im Artepitheton dagegen beschreibt eindeutig die Fruchtform der Birnenquitte; die ist »oblongus«, oval, länglich. In deut-

schen Landen war Chütten, Kiet, Kütte, Kutina, Quitdam und Quidde der Name, auch Schmeckbirn in St. Gallen oder Schabeöpfel. »Cotoniarios« stand an 81. Stelle im »Capitulare de villis«, der Landgüterverordnung von Karl dem Großen von 812.

Wir haben es also mit einer seit Jahrtausenden genutzten Frucht zu tun, welche bis heute – wenn auch nicht mehr so sehr – geschätzt wird, als Apfelquitte (var *maliformis*) oder Birnenquitte (var *oblonga*).

Die Früchte wurden schon zu Zeiten von Hippokrates (460-370 v. Chr.) nicht nur in der Küche geschätzt, sondern auch als Heilmittel, zum Beispiel gegen Durchfall. Die filzigen Haare auf der Oberfläche stillten den Blutfluss. Aus Samen wurde Quittensamenöl gewonnen. Neben vielem Fett im Samenembryo wurden die Schleimstoffe der Samenschale geschätzt. Diese wirken reizmildernd und können als »Semen Cydoniae« in schmerzlindernden Umschlägen helfen. Zerquetschte Samen ergeben mit destilliertem Wasser »Mucilago Cydoniae«, den Quittenschleim. Der wurde auch technisch genutzt zum Appretieren von Geweben und als reizlose, fettfreie Salbengrundlage.

Noch heute wird die Quitte wegen ihres charakteristischen Aromas gerne zu Gelees oder der portugiesischen »Marmeleiro«, dem Quittenmus, verarbeitet. Sie hat eine schöne Farbe, ist pektinreich und geliert daher sehr gut, zum Beispiel zum schwäbisch-alemannischen Quittenspeckle oder norddeutschen Quittenbrötchen. Mit dem portugiesischen »marmeleiro« begann unsere Marmeladenkulturgeschichte am Ende des 16. Jahrhunderts.

Tausend Jahre, bevor die Quitte auf Gemälden verewigt wurde bzw. den Grundstock unserer Marmelade legte, war sie von der griechischen Lyrikerin Sappho im 6. Jahrhundert v. Chr. in Gedichten und Liedern besungen worden. Sappho hatte die flaumige Behaarung der Quitte, »lāna cydōnia«, wahrgenommen: »... Male seine Rosenwange / Mit dem zarten Flaum der Quitte...«

Zusammen mit Rosen, Farnen, Klee und Wein wird die Liebesgöttin Aphrodite, hier Kypris genannt, mit den Quitten gelockt, wenn es heißt:

... vom altar und wasser fließt
flüsternd unter den zweigen
der quitten den hang hinab
in den schatten

der rosen – schlaf tropft vom
rascheln der blätter senkt
sich auf die erde und sinkt
auf die augen...

Francisco de Zurbarán, Quittenstillleben, 1635

DER SCHEINQUITTENSTRAUCH

Chaenomeles spec.

ZUM SCHLUSS MÖCHTE ICH EINE LANZE brechen für die Chinesische Scheinquitte, *Chaenomeles speciosa*, und für die Japanische Scheinquitte, *Chaenomeles japonica*. Sie zeigen nicht nur wunderschöne Blüten von unverwechselbarer Farbe, einem leuchtenden Ziegelrot, und das bevor oder während die Blätter austreiben. Sie bringen auch duftende Früchte hervor, welche wie die oben beschriebenen »richtigen« Quitten gut genutzt werden können.

Orange gepunktete Frucht
von Chaenomeles speciosa

DER SPEIERLINGBAUM

Sorbus domestica

NICHT SO BEKANNT WIE DER VOGELBEERBAUM ist der Speierling. Man findet ihn nicht mehr oft in Gärten, an Straßen schon gar nicht. Das liegt daran, dass er zeitweise wie die Mispel ein »Drecksäck« ist. Hübsch ist der Baum auf jeden Fall; er hat schöne, gefiederte Blätter, und seine Blütenstände, in denen bis zu siebzig Blüten zusammen stehen, sind eine Augenweide.

Die »Sperberbirne« ist nicht rund wie die Frucht der Vogelbeere, sondern birnenförmig und mit drei Zentimetern um einiges größer. Bei der verwandten Form Sorbus *domestica f. maliformis* ist die Frucht apfelförmig. Beide Fruchtformen sind olivbraun und mit Lenticellen (als Atemlöcher zu umschreiben) bedeckt. Die Sperberbirne ist zunächst ziemlich hart und zum Essen nicht geeignet. Wenn sie reif und genießbar wird, macht sie ihrem Namen »Drecksäck« alle Ehre: Speierlinge liegen dann matschig unter dem Baum.

Diese Tatsache animierte zu über hundert Namen. Hier die schönsten: Maltzennasen, Matzmasen. Schmeerbeer. Auch »Zahme Eberesche« im Gegensatz zur wild wachsenden Eberesche, *Sorbus aucuparia.* Wie diese kann sich der Speierling gut über Wurzelsprosse vermehren.

Im Jahre 1993 war der Speierling Baum des Jahres, da er stark zurückgedrängt und vom Aussterben bedroht ist. Alle verwilderten oder ursprünglichen Exemplare sind schützenswert: »Der Speierling ist als altes Kulturdenkmal wie auch als Charakterbaum der Frankfurter Obstbaumlandschaft unbedingt zu erhalten.«

Der Baum soll bereits im 4. Jahrhundert v. Chr. kultiviert worden sein, wie der Gelehrte Theophrast schrieb. Die Früchte seien zwar nicht so süß, aber wohlriechend. Die Römer konservierten ihn; die Früchte halfen gegen Erbrechen, Durchfall und Ruhr. Noch heute ist der zerriebene Speierling ein Hausmittel bei Darmerkrankungen.

Bereits im unter Kaiser Karl dem Großen verfassten »Capitulare de villis« (812) war der Speierling aufgeführt. Als Obstgehölz wuchs er in Klostergärten, wie zum Beispiel in St. Gallen um das Jahr 820. Auch sein Holz war geschätzt.

DER MISPELBAUM

Mespilus germanica

AN DER MISPEL FALLEN DIE FÜNF verbleibenden Kelchblätter auf: Sie sind groß und nicht so zusammengedrängt wie es bei den anderen Apfelfrüchten der Fall ist. So können zwischen den Kelchblättern die nun funktionslosen Staubblätter und die Griffel in der Mitte wahrgenommen werden.

Eine Mispel durchschneiden gelingt erst, wenn sie ein wenig weicher geworden ist. Dann sieht man in ihrem Inneren den gleichen Aufbau wie bei allen Apfelfrüchten. Doch gibt es einen Unterschied: pergamentartig sind die Fruchtblätter nicht; sie sind ziemlich hart. Daher haben wir Sammelnussfrüchte vor uns.

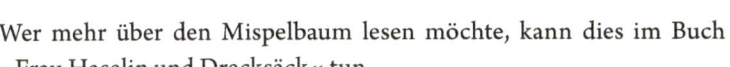

Wer mehr über den Mispelbaum lesen möchte, kann dies im Buch »Frau Haselin und Drecksäck« tun.

Exotisches auf dem Gemälde »Vertumnus« von Arcimboldo.

Obst aus den Tropen und Subtropen

Eine krumme, gelbe Panzerbeere namens Banane und eine dekorative Ananas sucht man im Gesicht des Vertumnus vergebens. Nur eine reife Feige als Ohrgeschmeide und ein kecker Apfel mit der Krone sprich Granatapfel als Haarschmuck finden wir bei Vertumnus. Feige und Granatapfel sind schon lange im mediterranen Gebiet bekannt. Bibeltexte und Texte von Homer beweisen dies. Im Laufe der Jahrhunderte änderten sich Transport- und Lagerbedingungen, auch die Beziehungen zwischen den Ländern. Andere Pflanzen mussten erst entdeckt werden. Litchi aus China und die Pecannuss aus Amerika fanden erst in den letzten Jahrzehnten zu uns. Exotisch wie der Geschmack ist zum Teil auch die Architektur der Früchte. Von den meisten wissen wir gar nicht: sind es Baumfrüchte oder einjährige Pflanzen, wie werden sie geerntet, und was ist es überhaupt, was wir essen. Von manchem bekommen wir nur Teile von Früchten zu sehen oder sie scheinen uns so selbstverständlich wie die Erdnuss.

Hier seien einige »Exoten« kurz vorgestellt.

Die Ananaspflanze

Ananas comosus

KÖNIGIN ALLER FRÜCHTE, SO WURDE DIE Ananas von Maria Sibylla Merian, der bedeutenden Vertreterin der naturkundlichen Illustration genannt. Probiert haben soll sie die Ananas auch, als sie zwischen 1699 und 1701 das heutige Surinam bereiste. Der Geschmack sei, als ob man Aprikosen, Trauben, Johannisbeeren, Äpfel und Birnen miteinander vermengt hätte. So schmeckt eine reife, saftige Ananas noch heute. Doch unter einer langen Reise leidet der Geschmack oft. Dann ist es vielleicht besser, Konserven zu probieren.

Wird eine Ananas in Scheiben geschnitten, fallen zahlreiche Hohlräume auf. Es sind Hohlräume zwischen einzelnen Beeren, Blättern und der kolbig verdickten Achse. Wir haben es bei der Ananas mit einem Fruchtstand zu tun, der morphologisch kompliziert, aber auch einzigartig ist.

Von außen kann die Anzahl der Früchte abgezählt werden. Die einzelnen Beeren sind samenlos; Vermehrung erfolgt durch Setzlinge. Über dem Fruchtstand ist ein Blattschopf ausgebildet, worauf sich das Epitheton comosus (schopfig) bezieht. Herangereift ist die Ananaspflanze im zweiten Jahr.

Nach Europa gelangte die Ananas wohl im Jahre 1724 durch den Botanikprofessor Richard Bradley (1688-1732) von der Universität Cambridge. Die Ananas wurde schnell beliebt und in königlichen Gärten sorgten spezielle Ananasgärtner für sie. Solch einen gab es auch im preußischen Sanssouci; für Johann Carl Jacobi war sogar ein eigenes Haus errichtet worden, in dem er bis zu seinem Tod im Jahre 1831 wohnte.

Der Cashewnussbaum

Anacardium occidentale

Dieser kleine immergrüne Baum aus Ostbrasilien hat sich etwas ganz Ausgefallenes ausgedacht, was die Frucht betrifft. Solch ein dicker, orangeroter Fruchtstiel ist wohl einmalig im Pflanzenreich. Er ist fünf Zentimeter lang und wird »Kaschuapfel« genannt, schmeckt auch süß-säuerlich wie ein Apfel; er enthält Vitamin C und wird zu Marmelade und Saft verarbeitet.

Die Cashewnuss selber ist eine Steinfrucht, sitzt dem »Apfel« obenauf und wird »Elefantenlaus« genannt. Das »Fruchtfleisch« wirkt durch das toxische Öl Cardol im Kaschuschalenöl hautätzend. Was wir essen, ist der Same.

André Thevet, Ernte der Cashewnuss, 1557

DER ERDBEERBAUM

Arbutus unedo

IN »THE ROMANCE OF NATURE« BESCHRIEB die in Australien lebende englische Schriftstellerin und Illustratorin den Strawberry tree, den Erdbeerbaum:

> Have we not, even 'neath our bleakest sky,
> A tree as beautiful – whom snow, nor frost,
> Nor the loud-chiding, many-voiced wind
> May e'er affright or wither? – Know ye not
> The verdant Arbutus?

Der Erdbeerbaum heißt so, weil seine Früchte unseren Erdbeeren ähneln. Das ist es auch schon mit der Ähnlichkeit. Alles andere ist anders. So sind die »Erdbeeren« nicht nahe der Erde zu finden, sondern hängen an einem Baum. Auch sind diese keine Sammelnüsschen, sondern Beeren mit warzenförmiger Oberfläche. Schön ist es, in unseren winterlichen Breiten einen blühenden Erdbeerbaum in einem Gewächshaus zu sehen.

Die glockenförmigen weißen Blüten lassen darauf schließen, dass der Baum zu den Erikagewächsen gehört. Was auch stimmt.

Sind die Früchte schön erdbeerfarben und beißt man in eine hinein, geschieht dies nicht mehr wieder. Was durch verlockende Farbe geschah, wird nicht eingelöst. Giftig ist die Frucht nicht, sie schmeckt nur so unverarbeitet nicht so gut. Das gab dem Baum auch den botanischen Namen: *Arbutus unedo*: Man isst nur einmal.

Bei den Bewohnern des Goldenen Zeitalters gab es nicht so viel Auswahl, wie Ovid in seinen Metamorphosen schrieb: »Die Menschen waren zufrieden mit Speisen, die ohne jemands Zutun wuchsen, und sammelten Früchte des Erdbeerbaums...« (Ovid: 8).

Doch in manchen Restaurants kann man eine Flasche mit Alkohol entdecken, auf der diese Frucht abgebildet ist. »Aguardente de Medronhos«, so heißt der Obstbrand in Portugal. Auch Marmelade wird aus den Früchten hergestellt. Vielleicht einmal probieren.

DIE ERDNUSSPFLANZE

Arachis hypogaea

DAS SCHÖNE AN EINER ERDNUSS IST, DASS SIE ohne weiteres zu knacken ist. Die Fruchtschale ist netzrunzelig und holzig, wie es für eine Hülse, die sie eigentlich ist, ungewöhnlich ist. Mit Erbsen und Bohnen gehört sie zu den Schmetterlingsgewächsen. Das andere Schöne ist, dass sie einen passenden Namen hat. Sie ist eine Nuss, welche in der Erde reift! Keine Ahnung, warum sie sich solche Umstände macht, den langen Fruchtträger, Karpophor, auszubilden, um die Frucht in der Erde monatelang reifen zu lassen. Vielleicht wollte sie sich vor begehrenden tierischen Liebhabern schützen. Diese Geokarpie ist im Pflanzenreich einmalig.

Bei der Erdnussbetrachtung stellen wir fest, dass sie zwei unterschiedliche Enden besitzt. Mit dem als Zipfelchen erkennbaren Fruchtstiel hing sie an der Mutterpflanze. Am anderen Ende war die Blüte. An dieser Stelle lässt sich die Erdnuss leicht öffnen.

Zu sehen sind bis zu drei Samen in rotbraunen Samenschalen. Werden diese entfernt, liegt ein nackter Embryo vor uns. Sein Würzelchen ist bereits erkennbar. Wir brechen seine beiden Hälften – es sind die beiden Keimblätter – auseinander. Wir erkennen den winzigen Spross mit Blättchen. Damit hat die Erdnuss im Kleinen angelegt, was sie als Pflanze ausmacht: Wurzel, Spross und Blätter. Beide Keimblätter sind voller Öl, das dem Embryo als Energielieferant ins Leben hilft.

Zuhause ist die Erdnuss in den Anden Boliviens. Wildpflanzen gibt es nach der langen Domestizierung von fünftausend Jahren nicht mehr.

Der Feigenbaum

Ficus carica

Es war ein Feigenblatt, welches als erste ökologische Kleidung in die Geschichte einging. Das geschah im Paradies, im Garten von Eden. Nur diese eine Fruchtpflanze ist aus dem Paradies bekannt. Eva reichte dem Adam eine Frucht. Ein Apfel war es nicht; war es eine Feige? Die verrät es nicht, da sie als Feige sowieso feige ist. Sie zeigt weder ihre Blüten noch ihre Früchtchen. Beides hat sie ins Innere verlegt. Wird eine Feige aufgeschnitten oder aufgebissen, werden zahlreiche winzige Blütchen oder reife Steinfrüchtchen sichtbar. Feigen sind Fruchtstände, wie sie bei den Maulbeergewächsen, *Moraceae*, gang und gäbe sind.

Es ist gut, dass Kulturfeigen heute nicht mehr bestäubt werden müssen, sondern die Jungfernzeugung zum Zuge kommt. Sonst müssten wir die kleinen männlichen toten Gallwespen, *Blastophaga psenes*, mitessen. Damals wurde die Bestäubung der wilden Feige, der Caprifeige, durch »Kaprifikation« vorgenommen: Vereinfacht dargestellt, passiert dabei folgendes: Weibliche Gallwespen kriechen durch die kleine Öffnung der Feige. Im Innern legen sie ihre Eier nur in den kurzgriffligen weiblichen Blüten ab. Die männlichen Gallwespen bleiben im Innern und paaren sich mit den geschlüpften weiblichen; danach sterben sie und haben ihr Grab im Feigeninneren. Die weiblichen Gallwespen klettern Pollen beladen aus der Feige heraus, fliegen zur nächsten Feige und bestäuben nun nur die langgriffligen weiblichen Blüten. Dann steht der Reifwerdung dieser Feigen nichts mehr im Weg. Ist ja auch schon kompliziert genug.

Der Feigenkaktus

Opuntia ficus-indica var. *ficus-indica*

Diese »indische Feige« hat nichts mit Feigen zu tun, auch stammt sie nicht aus Indien, sondern aus Mexiko. Sie gehört zu den Kaktusgewächsen. Die Früchte werden als Kaktusfeigen bezeichnet, da ihre Form an Feigen erinnert.

Was bei der *Opuntia* blattartig daherkommt, sind Sprossachsen. Blättrig sind nur die Keimblätter, über die sich Johann Wolfgang von Goethe während seiner italienischen Reise freute, als ihre Samen »ganz unschuldig dikotyledonisch sich in zwei zarten Blättchen enthüllte«, die Pflanze aber »bei fernerem Wuchse ... die künftige Unform entwickelte« (Goethe: 488). Die grünen Sprossachsen haben die Photosynthese übernommen und können bis sechs Meter hoch werden.

Bei den Früchten handelt es sich um Beerenfrüchte; sie sind weich und essbar. Sie sind wie die gesamte Pflanze mit »Areolen« besetzt; die vor dem Verzehr unschädlich gemacht werden müssen. Als stark reduzierte Triebe sind sie mit »Glochiden« besetzt; das sind die zu Dornen umgewandelten mit Widerhaken versehenen Blätter.

Nicht wegen der Früchte lud Arthur Philips, Kapitän des ersten Einwandererschiffes nach Australien, *Opuntia cochenillifera* samt der tierischen Bewohner auf sein Schiff.

Opuntia cochinellifera

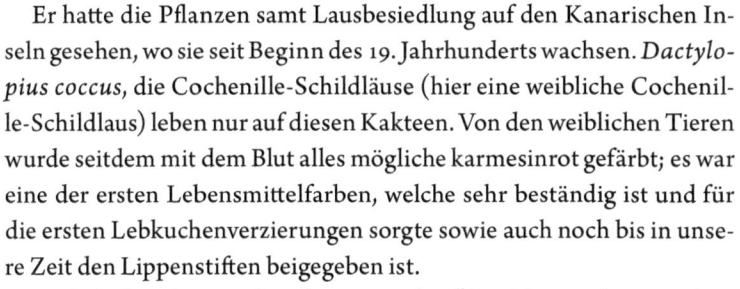

Er hatte die Pflanzen samt Lausbesiedlung auf den Kanarischen Inseln gesehen, wo sie seit Beginn des 19. Jahrhunderts wachsen. *Dactylopius coccus*, die Cochenille-Schildläuse (hier eine weibliche Cochenille-Schildlaus) leben nur auf diesen Kakteen. Von den weiblichen Tieren wurde seitdem mit dem Blut alles mögliche karmesinrot gefärbt; es war eine der ersten Lebensmittelfarben, welche sehr beständig ist und für die ersten Lebkuchenverzierungen sorgte sowie auch noch bis in unsere Zeit den Lippenstiften beigegeben ist.

Doch leider überstanden die Läuse die Überfahrt nach Australien nicht. Die Pflanzen dagegen wurden zur Plage. Keine gelungene Aktion! (Höst: 26f)

DER KAKIPFLAUMENBAUM

Diospyros kaki

ZUHAUSE IST DER BIS ZEHN METER HOCH wachsende Baum in Ostasien. Die Früchte, welche wir kaufen können, kommen meist aus dem Mittelmeergebiet. Der Baum kann bis zu minus fünfzehn Grad Celsius vertragen. So ist es nicht verwunderlich, dass er es bis ins Rheintal geschafft hat und dort Früchte ansetzt. In China werden die Früchte seit über zweitausend Jahren genutzt. Der Baum soll zu den ältesten Kulturpflanzen gehören.

Ihr Gattungsname *Diospyros* bedeutet so viel wie »Götterfrucht«. Die Familie ist die, zu der die Ebenholzbäume gehören. Es gibt eine Reihe von Zuchtformen, wie die gelbe, aus Israel stammende Sharonfrucht, welche kaum Tannin enthält, und die ovale rotorangefarbene Persimone. Zahlreiche Sorten sind samenlos.

Vor dem Genießen bitte die Frucht betrachten: Sie trägt noch die mehr oder weniger frischen vier Kelchblätter. Quer durchgeschnitten zeigt sie ein sternenförmiges Muster. Kakipflaumen schmecken am besten, wenn sie überreif sind und fast zerfließen; dann schmeckt sie auch roh gut. Ansonsten kann sie gekocht und kandiert werden. Kakifrüchte werden erst im Spätherbst reif, wenn die Blätter abfallen.

Die Kokosnusspalme

Cocos nucifera

PALMEN AM SÜDSEESTRAND! DAS SIEHT NICHT nur schön aus, sondern ist etwas klug Ausgedachtes der Kokospalme. Sie haben mit diesem Standort die Frage der Fruchtverbreitung gelöst. Reife schwimmfähige Kokosnüsse fallen ins Wasser und können an weit entfernte Ufer angeschwemmt werden und dort auskeimen. Meist bekommen wir nicht die gesamte Steinfrucht zu kaufen, sondern nur den harten Stein (Endokarp) mitsamt der leckeren Kobra, dem Nährgewebe (Endosperm).

Der Same ist klein und in das mächtige Nährgewebe eingebettet. Die Lage des Samen ist dort, wo im harten Endokarp drei Keimporen eingelassen sind. Das lässt auf drei Fruchtblätter schließen mit jeweils mindestens einem Samen.

Aus der getrockneten Kopra werden Kokosraspeln und Kokosfett gewonnen. Matten und vieles andere wird aus dem faserigen Mesokarp hergestellt, was wir ja an einer gekauften Kokosnuss nicht mehr betrachten können.

Die Kopra bildet eine Höhle, in welcher sich Kokoswasser befindet. Das wird aus der unreifen Frucht, nun auch »Trinknuss« genannt, mit einem Trinkhalm getrunken. Später ist das Kokoswasser fade. Kokosmilch ist eine Mischung aus Wasser und Kobra.

Die Heimat ist Südamerika oder der indomalaiische Raum.

DER LITCHIPFLAUMENBAUM

Litchi chinensis

DIE HEIMAT IST SÜDCHINA; HIER IST DIE Litchi-
pflanze seit Tausenden von Jahren bekannt. Es ist erstaunlich, dass dies ein Nussbaum sein soll. Nur, was
ist das weiße Weiche, was so erfrischend schmeckt?
Die pflaumengroße Frucht mit der grauroten warzi-
gen Schale, welche dünn und leicht zerbrechlich ist,
können wir als Nuss bezeichnen. Innen liegt ein großer brauner Same. Der ist mit diesem weißen Weichen umgeben. Es ist ein dick-
fleischiger, süßer Samenmantel, auch Arillus genannt. Den essen wir.
Solch ein saftiger Samenmantel ist in unseren Breiten durch den der
weiblichen Eibe bekannt. Ein Samenmantel entwickelt sich aus umgebenden Sprossgewebe. Entweder wird der Litchisamenmantel roh gegessen oder konserviert. Erst vor wenigen Jahrzehnten wurde Litchi bei
uns bekannt und wird seitdem besonders im winterlichen Cocktail geschätzt.

Illustration aus einem Werk des Jesuiten Michael
Boym: Flora Sinensis, 1657

Der Melonenbaum

Carica papaya

Dieser Baum ist kein richtiger Baum, auch kein richtiger Strauch. Der Stamm bleibt unverholzt, wächst aber über mehrere Jahre, also ein »baumförmiges Kraut«? Die sehr großen gefiederten, lang gestielten Blätter wachsen rosettig an der Stammspitze. Wahrscheinlich stammt die Pflanze aus Mittelamerika.

Die großen gelben Früchte können bis eininhalb Kilogramm schwer werden, Es handelt sich um Beeren mit zahlreichen wie grüner Pfeffer aussehenden Samen. Diese schmecken durch Senföl scharf und werden meist beim Verzehr verworfen. Das Fruchtfleisch selbst ist mild, übersüß und wenig aromatisch; mit Zitronen- oder Limonensaft beträufelt oder mit Salz bestreut, schmeckt es auch roh. Unreife Früchte haben den Geschmack von Kohlrüben.

Bekannt geworden wurde die Papaya durch die als Fleischzartmacher Eiweiß abbauenden Enzyme, das Papain und Chymopapain. Diese Enzyme sind Bestandteil des Milchsaftes aus den Milchröhren, welche sich in der gesamten Pflanze, aber besonders in unreifen Früchten befinden.

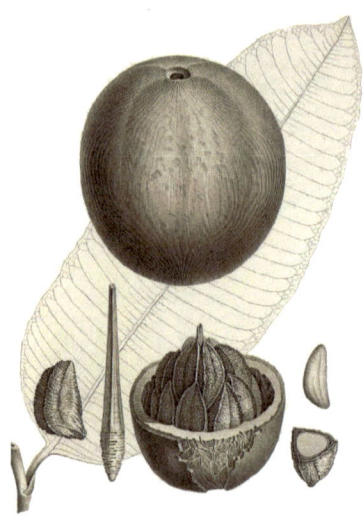

Der Paranussbaum

Bertholletia excelsa

WAS WIR ALS PARANUSS KNACKEN, IST die knochenharte Samenschale. Knochenhart ist auch die Fruchtschale der apfelgroßen Nuss; die kann bis zu sechzehn Samen beherbergen. Bei Reife fallen die Nüsse ab, öffnen sich zwar, aber nur so wenig, dass die Samen nicht heraus können. Da helfen Agutis nach. Das sind Nagetiere, welche ein so starkes Gebiss haben, dass sie die Nuss weiter öffnen können.

So landen die Samen sowohl im Agutibauch als auch in Verstecken, aus denen heraus neue Pflänzchen keimen können. Was wir vom dreikantigen Samen essen, ist das mächtige, ölhaltige Hypocotyl des Embryos. Das hat die Pflanze als Speicherorgan auserkoren. Kompliziert? Aber interessant! Beschrieben wurde die Pflanze im Jahre 1808 von Aimé Bonpland, dem Begleiter Alexander von Humboldt auf der Amerikareise. Alexander von Humboldt selbst beschrieb das »La fieste de las Juvias«, das Erntefest der Paranuss: »Als wir nach La Esmeralda kamen, kehrten die meisten Indianer gerade ... zurück, wobei sie Juvias oder die Früchte der *Bertholletia excelsa* ... gesammelt hatten. Diese Heimkehr wurde durch eine Festlichkeit begangen, die in der Mission La fieste de las Juvias heißt... Wir begleiteten den Giftmischer zum Juvias-Fest. Man feierte durch Tänze die Ernte der Juvias und überließ sich einer ungezügelten Völlerei.« (Humboldt: 303)

»Para«, so heißt der Ausfuhrhafen in Brasilien. Die Paranussbäume verweigerten bis heute die Anpflanzung außerhalb des Amazonasgebietes, so dass die Früchte fast ausschließlich von wild wachsenden Bäumen im Amazonas-Gebiet stammen. Die Pflanze gehört zu der bei uns völlig unbekannten Familie der Topffruchtbaumgewächse, *Lecythidaceae*.

DER PECANNUSSBAUM

Carya illinoinensis

DIESER BIS FÜNFZIG METER HOCH WERDENDE Hickorybaum gehört zur Familie der Walnussgewächse, *Juglandaceae*. Wie bei der Walnuss trägt er unpaarig gefiederte und aromatisch duftende Blätter; seine Blüten sind getrenntgeschlechtig. Die bis vier Zentimeter langen Früchte springen nicht mit zwei Klappen auf wie bei der Walnuss, sondern mit vier Klappen. Es handelt sich um Steinfrüchte, welche in einem rotbraunen glatten Stein den Samen beherbergen. Die ölreichen Samen schmecken leicht süßlich, sind sehr lecker und werden in Eis und Kuchen verwendet. Beliebt sind auch kandierte Pecannüsse, welche gerne im Salat gegessen werden.

Der Pecanbaum ist im südlichen subtropischen Nordamerika zu Hause. In Texas ist der Hickorybaum seit 1919 offizieller Staatsbaum; seit zwanzig Jahren wird dort wie in der gesamten USA am 14. April der »National Pecan Day« gefeiert.

Das Gemälde von Arcimboldo aus dem 16. Jahrhundert hat uns durch dieses Büchlein begleitet. Das Gesicht des Vertumnus präsentiert die mediterranen Früchte, wie dieser sie im Garten der Pomona vorgefunden hat. Doch Arcimboldo malte dieses Gemälde in Prag und dargestellt ist sein Brötchengeber, der Kaiser Rudolph II. Ob es diese Früchte zu dieser Zeit bereits auch in Prag gab? In Preußen jedenfalls existierten solche Früchte zu dieser Zeit noch nicht. Erst im Pomeranzenhaus im Lustgarten waren erstmals Ende des 17. Jahrhunderts exotische Früchte zu bewundern. Dann im 19. Jahrhundert war es soweit. Immer mehr leckere Orangen und Pflaumen wurden auf den Märkten angeboten.

Das beschreibt Theodor Fontane in seinen Märkischen Wanderungen sehr schön. Von Werder an der Havel, der Obst- und Gemüsekammer Berlins, wurden die Erzeugnisse der Gärten und Felder nach Berlin gebracht: »Mit dem ersten Juni beginnt die Saison. Sie beginnt, von Raritäten abgesehen, mit Erdbeeren. Dann folgen die süßen Kirschen aller Grade und Farben; Johannisbeeren, Stachelbeeren, Himbeeren schließen sich an. Ende Juli ist die Saison auf ihrer Höhe. Der Verkehr lässt nach, aber nur, um Mitte August einen neuen Aufschwung zu nehmen. Die sauren Kirschen eröffnen den Zug; Aprikosen und Pfirsich folgen; zur Pflaumenzeit wird noch einmal die schwindelnde Höhe der letzten Juliwochen erreicht. Mit der Traube schließt die Saison. Man kann von einer Sommer- und Herbstkampagne sprechen. Der Höhepunkt jener fällt in die Mitte Juli, der Höhepunkt dieser in die Mitte September. Die Knupperkirsche einerseits, die blaue Pflaume andererseits – sie sind es, die über die Saison entscheiden.« (Fontane: 484)

Und die Schiffe wurden mit den Früchten beladen und auf dem Wasserwege nach Berlin gebracht. Auf einem der zahlreichen Märkte, wie Werderscher Markt, Dönhoffplatz, Pappelplatz saßen sie, die Hökerinnen, und boten feil, was feilzubieten war. Heinrich Zille hielt dies auf einer Zeichnung fest und der Berliner Adolf Glaßbrenner (1810-1876) schrieb dazu das passende Lied und offenbart, welches Obst damals gekauft werden konnte und wie es angeboten wurde.

Eine Hommage auch an alle Märkte, Marktfrauen und -männer, die uns mit Obst und Beeren überall auf der Welt versorgen.

Adolf Glaßbrenner
LIED DER HÖKERINNEN

Mir kümmert jar nischt in de Welt,
Ick dhue mir nich jrämen;
Wen meine Ware nich jefällt,
Der kann sich andre nehmen.
Man immer ran, Herr Muschketir!
Recht saft'je Perjemotten [= Bergamottbirnen] hier!
Was sächt er? Sind nich scheene?
Macht er sich nich jemeene! [= gemein]

Madamken, keene Äppel heit?
Sechs Jroschen man de Metze.
Ick jlobe sie is nicht gescheidt;
Wat hör ick da? Wat redt't se?
Drei Silberjroschen biet' se mir?
Na, Schönste, pack se sich von hier
Mit ihren Hut un Freese, [=Halskrause]
Ick wünsch ihr jute Reese!

Was steht ihr denn un kuckt hier zu!
Wech von de Äppels, Jeeren!
Hier, bester Herr, nach ihren Ju,
Janz reife Stachelbeeren.
Na, jeh'er man, erhat keen Jeld,
Ick hört, wie em der Magen bellt;
Er macht sich ja jemeene,
Freß er doch Kieselsteene!

Wie ist, Herr Kriegsrat? Komm'n Se her
Un rühr'n Se mal den Daumen!
Wat wünschen Sie'n, Herr Sekerteer?
Recht scheene blaue Pflaumen!
Na, soll ick messen, bester Mann?
Man immer ran, man immer ran!

Na womit kann ick dienen?
Recht saft'je Appelsinen!
So handl' un verdiene Jeld,
Un due mir nich jrämen;
Wen meine Ware nich jefällt,
Der kann sich andre nehmen.
Am Dage ruf' ick Käufer ran.
Det Abends keil' ick meinen Mann,
Un Sonntach's heeßt et: schnüren,
Nach Moabit kutschieren!

Apfel	Kernobst, Sammelbalgfrucht, Scheinfrucht, gegessen wird das um die Frucht gewachsene Sprossgewebe
Apfelsine	Panzerbeere, viele Beeren, umgeben von gemeinsamer Schale
Aprikose	Steinfrucht, gegessen werden Exokarp und Mesokarp der Fruchtschale
Ananas	Fruchtstand aus zahlreichen Beeren, Blättern und verdickter Achse
Bergamotte	Zitrus: Panzerbeere. Birne: Kernobst, Scheinfrucht
Birne	Kernobst, Sammelbalgfrucht, Scheinfrucht, gegessen wird das um die Frucht gewachsene Sprossgewebe
Brombeere	Steinfrucht, Sammelsteinfrüchtchen
Cashewnuss	Steinfrucht. Fruchtstiel = Cashewapfel, essbar
Erdbeere	Sammelnüsschen, Scheinfrucht, gegessen werden Nüsschen und Fruchtboden
Erdbeerbaum	Beeren
Erdnuss	Nuss, Hülse, gegessen wird der Embryo
Esskastanie	Nuss, gegessen wird der Same
Feige	Fruchtstand mit unzähligen winzigen Steinfrüchtchen
Haselnuss	Nuss, gegessen wird der Same
Heidelbeere	Beere
Himbeere	Steinfrucht, Sammelsteinfrüchtchen
Johannisbeere	Beere
Kakipflaume	Beere
Kirsche, Sauer-	Steinfrucht, gegessen werden Exokarp und Mesokarp der Fruchtschale
Kirsche, Süß-	Steinfrucht, gegessen werden Exokarp und Mesokarp der Fruchtschale
Kirsche, Weichsel-	Steinfrucht, gegessen werden Exokarp und Mesokarp der Fruchtschale
Kokospalme	Steinfrucht, gegessen wird das Endosperm (Nährgewebe)
Litchi	Nuss. Gegessen wird der Samenmantel, Arillus
Mandel	Steinfrucht, gegessen wird der Same bzw. Embryo
Maulbeere	Fruchtstand aus Nüsschen, jedes Nüsschen ist von fleischigem Blütenblatt umwachsen
Melone	Panzerbeere
Mirabelle	Steinfrucht, gegessen werden Exokarp und Mesokarp der Fruchtschale
Papaya	Beere
Paranuss	Nuss, gegessen wird der Embryo

Pecannuss	Steinfrucht, gegessen wird der Same
Pfirsich	Steinfrucht, gegessen werden Exokarp und Mesokarp der Fruchtschale
Pflaume	Steinfrucht, gegessen werden Exokarp und Mesokarp der Fruchtschale
Zwetschge	Steinfrucht, gegessen werden Exokarp und Mesokarp der Fruchtschale
Pomeranze	Panzerbeere
Preiselbeere	Beere
Quitte, Scheinquitte	Kernobst, Sammelbalgfrucht, Scheinfrucht, Frucht von Sprossgewebe umwachsen
Sanddorn	Nuss, umwachsen vom fleischigen Blütenkelch. Scheinfrucht.
Speierling	Kernobst, Sammelbalgfrucht, Scheinfrucht, Frucht von Sprossgewebe umwachsen
Stachelbeere	Beere
Walnuss	Steinfrucht, gegessen wird der Same
Wassermelone	Panzerbeere
Weinbeere	Beere

GLOSSAR

Albedo	Weißes Schwammgewebe in der Schale von Zitrusfrüchten
Arillus	Samenmantel, Sprossgewebe, s. Litchi
Balg	Frucht mit pergamentähnlichen Beschaffenheit des Fruchtblatts, öffnet sich an der Rückennaht, s. Apfel
Beere	Frucht mit weicher Fruchtschale
Befruchtung	Männlicher und weiblicher Gamet verschmelzen im Fruchtknoten
Bestäubung	Landen des männlichen Pollen auf der weiblichen Narbe
Columella	Säulchen, eine Art Nabelschnur, s. Zitrus
Embryo	Sameninneres, aus dem der Keimling hervorgeht
Endokarp	Innerster harter Teil der Fruchtschale bei Steinfrüchten
Endosperm	Nährgewebe, wird bei der Kokosnuss gegessen
Exokarp	Äußerer Teil der Fruchtschale bei Steinfrüchten
Flavedo	Farbiges drüsenreiches Gewebe in der Schale von Zitrusfrüchten
Frucht	Fruchtknoten im Zustand der Samenreife
Fruchtblatt	Weiblicher Teil der Blüte. Besteht aus Fruchtknoten, Griffel, Narbe
Fruchtknoten	Teil des Fruchtblatts, in dem sich weibliche(n) Eianlage(n) befinden
Fruchtstand	Früchte stehen zusammen, sehen wie eine Frucht aus. Entstehen aus mehreren Blüten, s. Maulbeere, Ananas, Feige
Gamet	Haploide weibliche oder männliche Geschlechtszelle
Griffel	Teil des Fruchtblatts zwischen Fruchtknoten und Narbe
Hypocotyl	cotyl von Kotyledon, Keimblatt. »Hypo« bedeutet unterhalb. Es ist der untere Abschnitt des Keimblatts zur Wurzel hin, s. Paranuss.
Kelchblatt	Meist grünes Blütenblatt, dient vorrangig dem Knospenschutz
Kelchröhre	Manche Blüten bilden eine K., umhüllen damit Frucht, s. Sanddorn
Kernobst	Sammelbalgfrucht, umwachsen von Sprossgewebe, s. Apfel
Kronblatt	Meist gefärbtes Blütenblatt
Lenticellen	Poren auf der Sprossoberfläche, ermöglicht Gasaustausch
Mesokarp	Mittlerer meist weicher Teil der Fruchtschale bei Steinfrüchten
Narbe	Teil des Fruchtblatts, Empfängnisorgan für Pollen
Nuss	Frucht mit harter Fruchtschale
Obst	Süße Frucht

Pollen	Reifung im Staubbeutel, bildet Pollenschlauch mit männlichen Gameten
Pollenschlauch	Entsteht aus Pollen, leitet männliche Gameten zur Eianlage
Same	Samenschale und Embryo
Samenschale	Bestandteil des Samens; Schutzhülle um den Embryo
Sammelbalg	Mehrere Balgfrüchte, stehen zusammen, s. Birne
Sammelfrucht	Mehrere Früchtchen, entstehen aus einer einzigen Blüte
Sammelnüsschen	Mehrere Nüsschen, stehen zusammen, s. Erdbeere
Sammelsteinfrucht	Steinfrüchtchen, stehen zusammen, gehen aus einer Blüte hervor, s. Himbeere
Scheinfrucht	Frucht ist von Sprossachse oder anderem umwachsen, s. Apfel, Erdbeere
Staubblatt	Männlicher Teil der Blüte. Besteht aus Staubfaden und Staubbeutel mit Pollen
Steinfrucht	Frucht mit äußerem Exokarp, weichem Mesokarp, hartem Endokarp (Stein)

LITERATURVERZEICHNIS

Ahrendt, Dorothee & Gertraud Aepfler, 1997. Goethes Gärten in Weimar. Edition Leipzig.

Arnim, Achim von, Brentano, Clemens (Hrsg.), 1808. Aus: Des Knaben Wunderhorn. Alte deutsche Lieder. Vollständige Ausgabe nach dem Text der Erstausgabe von 1806/1808. München: Winkler o.J., S. 824f.

Bingen, Hildegard von. Heilkraft der Natur – Physica. Herder/Spektrum Band 4159. 1997. Freiburg, Basel, Wien.

Burkhardt, Lotte. 2016. Index de Noms Eponymes des Genres Botaniques. Botanischer Garten und Botanisches Museum Berlin.

Cyran, Eberhard, 1962. Das Schloss an der Spree. Die Geschichte eines Bauwerks und einer Dynastie. Lothar Blanvalet Verlag Berlin.

Drewitz, Ingeborg, 2002. Bettine von Arnim »Darum muss man nichts als leben«. Ullstein Taschenbuchverlag, München.

Die Erzählungen der 1001 Nacht aus Tunesien. Arabische Erzählungen. Deutsch von Max. Habicht, Fr. H. von der Hagen und Carl Schall.

Fontane, Theodor, 1872. Wanderungen durch die Mark Brandenburg. Paul Franke Verlag, Berlin. Dritter Teil: Havelland. 472ff.

Franke, Wolfgang, 1997. Nutzpflanzenkunde. 6. Auflage. Georg Thieme Verlag Stuttgart, New York.

Frohne & Jensen, Systematik des Pflanzenreichs, 1985

Gärten. 1993. Texte aus der Weltliteratur. Hrsg. Von Anne Marie Fröhlich. Zürich.

Gärten und Höfe der Rubenszeit. Im Spiegel der Malerfamilie Brueghel und der Künstler um Peter Paul Rubens. Hrsg. von Ursula Härting. Hirmer Verlag München. 2001.

Gebauer, Rosemarie, Was hat die Dattel zu bedeuten? Eine Führungsreihe in der Gemäldegalerie widmet sich der Symbolik von Pflanzen und Tieren. In: Der Tagesspiel vom 1.7.2000. I, Seite 18.

Dto. Kampf an der Obstschale. Affen, Schlangen und andere Tiere im Mittelpunkt von Führungen in der Gemäldegalerie. In: Der Tagesspiegel vom 2.9.2000. I, Seite 18

Dto. Alles Birne – oder was? Dem einen die Ribbeck'sche Beer, dem anderen der Baum des Jahres oder Birne Helene, in FU (Freie Universität Berlin): N5/98.

Dto. 2001: Unter Feigenbaum und Weinstock. Die Welt der biblischen Bäume, Früchte, Kräuter und Düfte. Hrsg. von Kirche und Buga e.V.

Gebauer, Rosemarie, 2003. Odysseus und der Ölbaum. Gehölze und deren Nutzung in der Odyssee. Vortrag Dendrologische Gesellschaft Potsdam.

Genaust, Helmut, 2012. Etymologisches Wörterbuch der botanischen Pflanzennamen. 3. Vollständig überarbeitete und erw. Ausgabe. Nikol Verlag, Hamburg.

Goethe, Johann Wolfgang von, Italienische Reise. Insel Taschenbuch 175. 1. Auflage, 1976.

Hindermann, Federico, Hrsg. 1999. Sag' ich's euch, geliebte Bäume. Texte aus der Weltliteratur. Manesse Verlag Zürich.

Hepper, F.N. 1992. Pflanzenwelt der Bibel. Eine illustrierte Enzyklopädie. Deutsche Bibelgesellschaft. Stuttgart.

Humboldt Alexander von: Auf Steppen und Strömen Südamerikas. Hrsg. von Anneliese Dangel. 3. Aufl. VEB F.A. Brockhaus Verlag Leipzig. 1965.

Karl Krolow, 1975. Pomologische Gedichte. In: K. Krolow. Gesammelte Gedichte 2, Frankfurt am Main.

Löw, I. 1967. Die Flora der Juden I-IV. Georg Olms Verlagsbuchhandlung Hildesheim. Reprografischer Nachdruck der Ausgabe Wien und Leipzig 1924. Fotokop, Reprografischer Betrieb GmbH, Darmstadt.

Mann, Thomas, 1985. Joseph und seine Brüder, 3. Band, Joseph, der Ernährer, Fischer Taschenbuch Verlag, Frankfurt am Main.

Marzell, H. 1922. Die heimische Pflanzenwelt im Volksbrauch und Volksglauben. In: Wissenschaft und Bildung 177. Quelle & Meyer. Leipzig.

Dto, 1925. Bayerische Volksbotanik. Volkstümliche Anschauungen über Pflanzen im rechtsrheinischen Bayern. Lorenz Spindler. Nürnberg.

Mercante, Anthony, 1980. Der magische Garten. Pflanzen in Mythologie und Brauchtum, Sage, Märchen und geheimer Bedeutung. Deutsche Ausgabe by Edition SV international. Schweizer Verlagshaus, Zürich.

Müller, Irmgard, 1993. Die pflanzlichen Heilmittel bei Hildegard von Bingen, Verlag Herder.

Neruda, Pablo, 1977. Ode und frisches Keimen II. In: Die Verse des Kapitäns. In: Liebesgedichte. Sammlung Luchterhand 1977, 5. Auflage Januar 1980. Druck- und Verlags-Gesellschaft mbH, Darmstadt.

Nießen, Joseph, 1936. Rheinische Volksbotanik. Die Pflanzen in Sprache, Glaube und Brauch des rheinischen Volkes. 1. Band: Die Pflanzen in der Sprache des Volkes. Ferd. Dümmlers Verlag Berlin und Bonn.

Dto. 1936. Rheinische Volksbotanik. 2. Band: Die Pflanzen im Volksglauben und Volksbrauch.

Ovid. Metamorphosen. In Prosa neu übersetzt von Gerhard Fink. 1997. Fischer Taschenbuch Verlag Frankfurt am Main.

Reinhardt, Ludwig, 1911. Kulturgeschichte der Nutzpflanzen (Die Erde und die Kultur), Band IV, 1. und 2. Hälfte. E. Reinhardt, München.

Reling, H. & J. Bohnhorst, 1889. Unsere Pflanzen nach ihren deutschen Volksnamen, ihrer Stellung in Mythologie und Volksglauben, in Sitte und Sage, in Geschichte und Literatur. E.F. Thienemanns Hofbuchhandlung, Gotha. 2. Aufl.

Russisches Museum. Malerei. Text und Auswahl von N. Nowouspenski. Aurora-Kunstverlag. Leningrad 1974.

Schimmel, Annemarie, 1995. Nimm eine Rose und nenne sie Lieder. Poesie der islamischen Völker, Frankfurt a.M. und Leipzig.

Schneider, Norbert, 1999. Stilleben. Realität und Symbolik der Dinge. Die Stillebenmalerei der frühen Neuzeit. Taschen, Köln, London, Madrid, New York, Paris, Tokyo.

Scholz, Hildemar, 1995. Spermatophyta: Angiospermae: Dicotyledones 2 (3). In: Hegi, Gustav. Illustrierte Flora von Mitteleuropa. Bd. IV, Teil 2B. Blackwell Wissenschafts-Verlag Berlin, Wien.

Troll, Wilhelm, 1957. Praktische Einführung in die Pflanzenmorphologie. 2. Teil: Die blühende Pflanze. VEB Gustav Fischer Verlag, Jena.

Van Gogh, Vincent. 1959. Als Mensch unter Menschen. Vincent van Gogh in seinen Briefen an den Bruder Theo. Henschelverlag Kunst und Gesellschaft. Lizenzausgabe des Albert Langen Georg Müller Verlages GmbH, München, Wien.

Velden, Schouten van der, 1992. Tierwelt der Bibel. Deutsche Bibelgesellschaft, Stuttgart.

Woenig, F. 1897. Die Pflanzen im Alten Aegypten. 2.Aufl., Verlag von A.Heitz, Leipzig.

BILDQUELLENVERZEICHNIS

Antique Botanical Flower Print, 1871: Seite 126
Bayerische Staatsbibliothek, Abt. handschriften und Alte Drucke: Seite 15
Betruch, Carl, Bilderbuch für Kinder, 1810, Weimar: Seite 41
Biodiversity Heritage Library: Seiten 97, 98, 99
Brockhaus Konversations-Lexikon, 1892: Seite 60
Descourtilx, Flore médicale des Antilles, 1821: Seite 39
Hortus Camdenensis: Seite 19
Kunstmuseum Mühlheim an der Ruhr, Sammlung Themel: Seite 133
Nürnbergische Hesperides: Seite 38
J.V. Sickler. Der Teutsche Fruchtgarten als Auszug aus Sickler's Teutschen Obst-
gärtner, 1816–22: Seite 38
The Book of Wild Flowers, National Geographic Society. Published by National
Geographic Society, 1924: Seite 31
Troll: Seite 48, 54

Wikimedia Commons:
Masclef, Atlas des plantes de France. 1891: Seiten 97, 98
Deutsche Pomologie: Seite 101
Deutschlands Flora in Abbildungen, 1796, Johann Georg Sturm, Illustrator: Jacob
Sturm. Source: www.BioLib.de: Seiten: 19, 49, 51, 53, 56, 57, 61, 62, 65, 66, 74, 113
Flora Batava: Seiten 22, 28, 66, 72, 85, 86, 92
Flora von Deutschland, Österreich und der Schweiz 1885. Prof. Dr. Otto Wilhelm
Thomé, Gera, Germany Permission granted to use under GFDL by Kurt Stue-
ber Source: www.BioLib.de: Umschlag und Seiten 13, 18, 20, 44, 45, 48, 59, 65,
71, 77, 82, 83, 105,115, 124
Köhler's Medizinal-Pflanzen, 1890, Franz Eugen Köhler: Seiten 16, 33, 35, 36, 38,
66, 89, 90, 93, 109, 119, 122, 127, 129
Lindman, Carl Magnus, Nordensflora: Seiten 22, 26, 29, 30, 57, 58, 67Lunzer, Alo-
is, 1909: Seite 80
Mayer Pomona france: Seite 81
Poiteau: Seiten 37, 133
Redouté, Pierre-Joseph: Seiten 57, 120
Risso: Seite 35
Romance of Nature: Seiten 120, 121L. Watson and M. J. Dallwitz, The families of
flowering plants: Seite 87, 107
Wikimedia Commons: Seiten 11, 12, 14, 24, 33, 34, 39, 47, 49, 50, 51, 53, 62 (Foto:
Eifeljanes), 63, 68,69, 70, 75, 77, 82, 86, 88, 94, 97, 99, 101, 103, 104, 106,109, 110
111, 115 (Foto: Nadjatalent), 118, 119, 123, 124, 128, 130

Alle übrigen Abbildungen: Archiv Rosemarie Gebauer

Rosemarie Gebauer wuchs in einem Garten auf. Sie entdeckte dort den Zauber alter Pflanzennamen und die Vielfalt an Blumen, Früchten und Gemüse. Nun sind die Parks und Gärten Berlins und Brandenburgs und besonders der Botanische Garten Berlin-Dahlem ihre zweite Heimat, wo sie seit über dreißig Jahren als Diplombiologin tätig ist. Nach Lehraufträgen, Tutorentätigkeit und Anstellung als wissenschaftliche Angestellte lenkte sie ihren Weg dorthin, wo sie alle ihre sonstigen Leidenschaften um die geliebte Botanik gruppieren konnte. Seitdem ist sie auf Pflanzenpfaden unterwegs. Diese führen zur Kunst, zu den Lieblingsblumen von Albrecht Dürer und Leonardo da Vinci, zur »Madonna in den Erdbeeren«, in die Literatur zur Kirschblüte bei Nacht, zum Blumenfreund und Botaniker Goethe und steht mit Theodor Fontane vor dem Ribbeckschen Birnbaum. Pflanzenpfade durch Parks und Gärten führen in Preußens Geschichte, zu berühmten Gartenarchitekten und königlichen Früchte- und Blumenfreunden.

Das Goethesche Bekenntnis »Zum Erstaunen bin ich da« teilt sie seit vielen Jahren auch mit Hermann Hesse. Sie staunt über die Wunder der Natur, welche sich besonders im Verborgenen zeigen, dass aus kleinsten Samen größte Bäume wachsen oder dass sich in einer Blumenknospe immer wieder unbeschreibliche Farben, Düfte und Formen entwickeln.

Im Transit Buchverlag erschien 2015 ihr Buch »Jungfer im Grünen und Tausendgüldenkraut. Vom Zauber alter Pflanzennamen«, 2016 »Frau Haselin und Drecksäck. Die wunderbare Welt unserer Bäume und Sträucher«.

Die Botanikerin Rosemarie Gebauer erklärt uns mit grossem Wissen und leichtem Ton, worauf die alten Namen vieler Wildpflanzen beruhen. Dabei verwebt sie auf wunderbare Weise botanisches Wissen mit Kunst und Literatur. Sie taucht ein in die Welt unserer Vorfahren und erzählt Geschichten.

»... ein bibliophiles Kleinod, kenntnisreich und erfrischend kurzweilig ... Auf 140 Seiten gelingt ein fast literarischer Spaziergang, nur zu überbieten durch den Besuch in der Natur, am besten mit dem informativen und liebevoll gestalteten Büchlein im Gepäck.«
Claudia Sehring Märkische Oderzeitung

144 S., vierfarbig illustriert, 978-3-88747-329-7

»Frau Haselin« weist ins Reich unserer Vorfahren, als noch alle Bäume und Sträucher weibliche Namen hatten und mit »Frau« angesprochen werden sollten. Sie wurden sehr verehrt; sie wollten gegrüßt werden oder auch gefragt, wenn man etwas von ihnen wollte, zum Beispiel einen Zweig, um aus ihm eine Wünschelrute zu machen.

»Nach Jungfer im Grünen und Tausengüldenkraut werden nun die Bäume erklärt: hinreißend! Welche mythische Bedeutung steht hinter den Namen, was haben unsere Vorfahren im Holunder gesehen, Tricks beim Überleben... Kenntnisreich, ruhig fließend im Ton.«
Annemarie Stoltenberg, NDR

144 S., vierfarbig illustriert, 978-3-88747-337-2